走进大学
DISCOVER UNIVERSITY

什么是
材料？

WHAT
IS
MATERIALS

U0244010

赵 杰 编著

大连理工大学出版社
Dalian University of Technology Press

图书在版编目(CIP)数据

什么是材料？/ 赵杰编著. -- 大连：大连理工大
学出版社，2021.9(2023.2重印)
ISBN 978-7-5685-2991-4

Ⅰ．①什… Ⅱ．①赵… Ⅲ．①材料科学－普及读物
Ⅳ．①TB3-49

中国版本图书馆 CIP 数据核字(2021)第 071879 号

什么是材料？　SHENME SHI CAILIAO?

策划编辑：苏克治
责任编辑：于建辉　刘　芸
责任校对：陈星源
封面设计：奇景创意

出版发行：大连理工大学出版社
　　　　　（地址：大连市软件园路 80 号，邮编：116023）
电　　话：0411-84708842(发行)
　　　　　0411-84708943(邮购)　　0411-84701466(传真)
邮　　箱：dutp@dutp.cn
网　　址：https://www.dutp.cn

印　　刷：辽宁新华印务有限公司
幅面尺寸：139mm×210mm
印　　张：4.75
字　　数：76 千字
版　　次：2021 年 9 月第 1 版
印　　次：2023 年 2 月第 2 次印刷
书　　号：ISBN 978-7-5685-2991-4
定　　价：39.80 元

本书如有印装质量问题，请与我社发行部联系更换。

出版者序

　　高考，一年一季，如期而至，举国关注，牵动万家！这里面有莘莘学子的努力拼搏，万千父母的望子成龙，授业恩师的佳音静候。怎么报考，如何选择大学和专业，是非常重要的事。如愿，学爱结合；或者，带着疑惑，步入大学继续寻找答案。

　　大学由不同的学科聚合组成，并根据各个学科研究方向的差异，汇聚不同专业的学界英才，具有教书育人、科学研究、服务社会、文化传承等职能。当然，这项探索科学、挑战未知、启迪智慧的事业也期盼无数青年人的加入，吸引着社会各界的关注。

在我国，高中毕业生大都通过高考、双向选择，进入大学的不同专业学习，在校园里开阔眼界，增长知识，提升能力，升华境界。而如何更好地了解大学，认识专业，明晰人生选择，是一个很现实的问题。

　　为此，我们在社会各界的大力支持下，延请一批由院士领衔、在知名大学工作多年的老师，与我们共同策划、组织编写了"走进大学"丛书。这些老师以科学的角度、专业的眼光、深入浅出的语言，系统化、全景式地阐释和解读了不同学科的学术内涵、专业特点，以及将来的发展方向和社会需求。希望能够以此帮助准备进入大学的同学，让他们满怀信心地再次起航，踏上新的、更高一级的求学之路。同时也为一向关心大学学科建设、关心高教事业发展的读者朋友搭建一个全面涉猎、深入了解的平台。

　　我们把"走进大学"丛书推荐给大家。

　　一是即将走进大学，但在专业选择上尚存困惑的高中生朋友。如何选择大学和专业从来都是热门话题，市场上、网络上的各种论述和信息，有些碎片化，有些鸡汤式，难免流于片面，甚至带有功利色彩，真正专业的介绍尚不多见。本丛书的作者来自高校一线，他们给出的专业画像具有权威性，可以更好地为大家服务。

二是已经进入大学学习，但对专业尚未形成系统认知的同学。大学的学习是从基础课开始，逐步转入专业基础课和专业课的。在此过程中，同学对所学专业将逐步加深认识，也可能会伴有一些疑惑甚至苦恼。目前很多大学开设了相关专业的导论课，一般需要一个学期完成，再加上面临的学业规划，例如考研、转专业、辅修某个专业等，都需要对相关专业既有宏观了解又有微观检视。本丛书便于系统地识读专业，有助于针对性更强地规划学习目标。

三是关心大学学科建设、专业发展的读者。他们也许是大学生朋友的亲朋好友，也许是由于某种原因错过心仪大学或者喜爱专业的中老年人。本丛书文风简朴，语言通俗，必将是大家系统了解大学各专业的一个好的选择。

坚持正确的出版导向，多出好的作品，尊重、引导和帮助读者是出版者义不容辞的责任。大连理工大学出版社在做好相关出版服务的基础上，努力拉近高校学者与读者间的距离，尤其在服务一流大学建设的征程中，我们深刻地认识到，大学出版社一定要组织优秀的作者队伍，用心打造培根铸魂、启智增慧的精品出版物，倾尽心力，服务青年学子，服务社会。

"走进大学"丛书是一次大胆的尝试，也是一个有意义的起点。我们将不断努力，砥砺前行，为美好的明天真挚地付出。希望得到读者朋友的理解和支持。

谢谢大家！

苏克治

2021 年春于大连

前　言

　　材料是人类文明发展的基石。人类能够超越动物，存在于自然界的生灵之中，是因为人类的祖先最早学会了将天然的材料加工成能为自己所用的物品。从石器时代、青铜时代、铁器时代对材料的利用，到现在对各种新材料的应用，是人类文明一步步前行的过程。对材料奥秘的不断探索，使人类从懵懂走向智慧，从神秘走向科学。材料科学和材料相关学科专业的发展，使我们的生活越来越丰富多彩。

　　材料制备技术的不断进步，走过了一段文明之路和强盛之路。古代诸多文明的强盛时期，无不与其拥有当时先进的材料制备技术相关。中国古代铁器和瓷器制备技术的辉煌成就，极大地促进了生产力的发展，使中国在上千年的历史中处于世界领先地位。近代欧美诸国在钢铁制备技术上的突破，使其率先实现了从传统农业社会转变为现代工业社会的重要变革，由此获得的生产力方面的巨大进步，并逐步确立起它们在世界上的统治地位。中华人民共和国成立后开启了工业化之路，经过 70 多年的砥砺奋斗，伴随着主要基础材料的产量位于世界前列，实现了从工业化初期到工业化后期的历史性飞越，基本经济国情也实现了从落后的农业大国向世界性工业大国的历史性转变。

在我国走向伟大复兴的进程中，从制造大国转变为制造强国是关键，而从材料大国转变为材料强国则是实现制造强国目标的必要基础。材料的开发、制备、测试和质量控制，是建设制造强国的重要基石和关键因素。材料已发展成一个跨学科的综合性学科，与物理、化学、力学、机械、电子、生物等专业有紧密的联系。新材料、新工艺的发明和应用，带动了相关产业和技术的迅速发展，推动着高新技术制造业的转型升级，进而催生出新的产业和技术领域，为这个世界增加了无限的可能。

那么，材料科学是如何走到今天的？材料的内涵是什么？材料方面的知识和我们的社会有什么关联呢？本书将为您一一解答这些疑问，并为您打开认识材料的窗口。

编著者
2021 年 4 月

目　录

材料与文明

物类之起，必有所始。

——《荀子·劝学》

材料是人类文明进步的里程碑，是人类赖以生存和发展的物质基础。人类社会发展的文明史，主要是以材料发展的阶段来划分的。当今社会，材料与信息、能源一起被誉为当代文明的三大支柱，是所有科技进步和工业发展的核心。对材料的创新发展和利用，是人类文明一步步前行的过程，我们的生活因此而变得越来越丰富多彩。

▶▶从石器时代走出懵懂

➡➡最早的材料

人与动物最大的区别是什么？是会不会制造和使用工具 。

自然界有不少动物能够使用工具，远古时代，古猿可以使用树枝、石块等天然工具采集、狩猎，但它们仅仅处于会使用工具的阶段，还不能称为人。

人类的进化通常分为南方古猿、能人、直立人、智人四个阶段。其中：南方古猿只能使用天然工具；能人能制造简单的工具（石器）；直立人会打制不同用途的石器，学会了用火；智人已经学会了人工取火，会制造精细的石器和骨器，能用骨针缝制兽皮衣物，可用标枪和长矛进行狩猎、捕鱼。

人类祖先制造的最古老的工具是什么时候的呢？ 21世纪初在肯尼亚图尔卡纳湖发现了距今 330 万年的人类祖先制造的石片，这是迄今发现的最早的石器。

人类祖先制造这些石器做什么呢？ 2010 年，在埃塞俄比亚发现的动物骨骼上的砍切痕迹，可以追溯至距今340 万年。这些石器可能是用来切肉的，也可能是用来撬开坚果的，或者有一些现代人想不到的其他用途。

这个阶段，人类祖先有个名字——能人。

因此，人类能够超越动物的原因在于会制造工具。

在漫长的岁月中，人类对石器的加工越来越精细。

刚开始是打制石器,把石块摔打、击打成一定的形状,形态较为粗糙。20万年前,智人学会了在砺石上研磨加工石块,石器形态更多样,功能更完善。

1963年,在山西朔县峙峪村距今约2.8万年的旧石器时代晚期遗址中,发现了一枚加工精致的小石镞。这枚小石镞是用薄的长石片制成的,尖端和两侧的边缘都打造得很锋利,在与尖端相对的另一端的底部,左、右两侧都有点凹进去,考古分析是用来安装箭杆的。由此推断,当时的"峙峪人"已经会制造石制的箭头并用它做弓箭了。这枚小石镞是迄今为止世界上发现的最早的弓箭实物。

在人类历史中,弓箭是一项了不起的发明。远古时代,人们在捕捉猎物时往往是好几个人将猎物围住,用石头和棍子打下猎物。但有时人会被猎物攻击,轻则受伤,重则丧命。弓箭可以实现远程攻击,古人就比较容易获得猎物,也可以制服那些凶猛的野兽,大大增强了人类的力量。正如恩格斯所说:"弓箭对于蒙昧时代,正如铁剑对于野蛮时代和火器对于文明时代一样,乃是决定性的武器。"

从1万多年前开始,人类进入新石器时代,磨制石器是新石器时代革命的一大标志。在旧石器时代,古人主要是通过对天然石块的敲打加工来获得趁手的工具。在漫长的岁月中,打制石器也经历了从简单到复杂的发展过程,人类为了适应生存的需要,学会了磨制石斧、石犁、石镰,这些工具比表面粗糙而不规则的打制石器更易用和耐用。

磨制石器的广泛流传,为原始农业和畜牧业的产生提供了条件。人们开始用自己生产的食品来代替自然提供的野生食物,由过去被动地顺应自然,进入了能动地改造自然的发展阶段。新石器时代材料制备技术的革命性进步,促进了人类文明时代的发展。

➡➡ 火的运用

火在人类发展史上具有划时代的意义。火被用来加工食物、取暖以及自我保护。食物经过高温加热,可以形成多种新的物质,具有更丰富的营养,促使人体内脏、大脑、骨骼、口腔的加速进化。有了火,人类猎取动物的水平空前提高,可以猎取大型动物。有了火,人类祖先可以不再风餐露宿,能够度过漫长的冰河时期,并迁徙到这个星球的大部分地区。

古希腊神话里,普罗米修斯从太阳神阿波罗那里盗走火种送给人类。天神宙斯因为普罗米修斯触犯了天规而大发雷霆,将普罗米修斯绑在高加索山,让他永远不能入睡,疲惫的双膝也不能弯曲。宙斯还派一只神鹰每天去啄食普罗米修斯的肝脏,但被吃掉的肝脏随即又会长出来。普罗米修斯为了给人类带来火种,承受了巨大痛苦,是一位让人敬仰的神。

中国神话中,火不是神带来的,而是人类祖先在实践中摸索出来的,这就是燧人氏钻木取火的故事。在远古时,燧人氏在捕食野兽时发现,投掷的石块与山石相碰时往往会产生火花,燧人氏从这里受到启发,就以石击石,用产生的火花引燃火绒,生出火来。燧人氏把这种方法教给了人们,人类从此学会了人工取火,文明发展进入了一个新的阶段。后人将燧人氏奉为"三皇之首"。

火的使用,在材料发展史上也具有划时代的意义。在长期使用火的实践中,古人发现经过火的烧烤,泥土的硬度和强度都会有明显的增加,而用泥土制作的器皿在烧制后更好用了。陶器的制造刚开始也许是在编制的容器上涂上黏土使之能够耐火,而后发现涂有黏土的篮子或其他盛器经过火烧后能形成不易透水的容器,进一步发现成型的黏土即使没有内部的容器,也可以达到使用目的。这说明当时的人类已经初步认识到黏土加水便可造型、晾干后可以烧制而不爆裂，并在此基础上制备了陶器。

陶器使用之前，人类祖先局限于对天然材料简单形状的加工，例如制作的石斧、石镞等物件与原材料的性能是相同的。火的使用，使古人能够制作形态更为复杂的物品。更重要的是，材料的性能可以借助火的作用发生根本改变。这在材料制造史上是个飞跃，是人类第一次从天然物质创造出崭新的物质，这标志着有目的性的材料加工制备的开始。火的使用，不仅推进了陶器的发展，还为金属的发现和冶炼创造了条件。

考古发现的全球最早的烧制陶制品，是 1925 年在捷克摩拉维亚盆地发现的距今约 3 万年的以动物和人类为外形的小型雕塑。其中一件女性陶制雕像的外形与大多数其他地方发现的"维纳斯"雕像相似，这可能是最早的"维纳斯"雕像了。此外，这些陶制品中还有熊、狮子、马、狐狸、犀牛、猫头鹰等动物雕塑以及上千个陶球。

在我国，考古确认最早的陶器是在 2012 年江西万年仙人洞发现的距今 2 万多年的陶罐，这些陶器现在被收藏在中国国家博物馆。20 世纪 90 年代，中日两国同时发现了距今 1.6 万年的陶器,曾经围绕"陶器中国起源说"和"陶器日本起源说"有过激烈的学术争论,江西万年仙人洞遗址的考古发现使这一争论尘埃落定。这些陶器被公认为人类历史上最早的陶制器皿,并被国际权威杂志《考古》评选为 2012 年世界十大考古发现之一。

➡➡陶窑——早期的材料生产装置

古代早期制作陶制品时,大多是用泥土捏制成型后,在露天平地上用火烧制而成的。这种方法火力不集中,烧成温度普遍很低。在捷克摩拉维亚盆地发现的最早的陶制品,被推测是由黏土雕塑成型后经 500～800 ℃烧成的。

1977 年在河南省新郑市裴李岗村发现的距今 7 000～8 000 年的新石器时代遗址,被认为是仰韶文化的源头之一,也是华夏文明的来源之一。裴李岗遗址中的一个重要发现,是被称为横穴窑的烧制陶器的陶窑结构。横穴窑是在生土层中掏挖修制而成的,它由火膛、火道、火眼、窑室等部分组成,火膛较狭长,后部设火道,这是我国发现的最早的陶窑。相比于平地堆放烧制,搭制陶窑烧制时火力更集中,温度更高。据推测,裴李岗遗址陶窑的烧制温度可达到 900 ℃以上。

在仰韶文化半坡类遗址中，发现了比横穴窑更进一步的竖穴窑。竖穴窑的火膛基本位于窑室正下方，通过数条火道与窑室相通，烧制陶器时，火焰可直接经火道进入窑室，因此窑室温度可达到 1 000 ℃ 以上，比横穴窑还要高，窑内受热也更加均匀。竖穴窑问世后通过不断改进，火膛更深，窑室内壁从下至上逐渐内缩，既增大了窑室的空间，便于烧制更多或更大的陶器，又使窑口缩小，容易封闭。在早期竖穴窑或横穴窑中，由于这些窑中火膛所产生的火焰经火道、火眼进入窑室，然后从窑顶排出，因此根据火焰自下而上的流向特点，人们称之为升焰窑。

在无窑烧陶和早期的升焰窑烧制中，由于烧制过程中对空气不能加以控制，氧气能充分供给，陶器在氧化气氛中烧成，陶坯中铁元素以 Fe_2O_3 形态存在，因此陶器呈红黄色，称为红陶。裴李岗遗址等仰韶文化遗址出土的陶器是红陶的代表。随着陶窑的发展，人们在窑顶可以采用多种方法进行密封。密封技术的使用，使得烧制的陶器不仅胎质更加坚硬，还因窑室密封后造成窑内氧气不足，陶土中的铁元素不能或极少氧化，陶胎中的铁元素以黑色的 FeO 的形态展现，从而使烧成的陶器呈黑灰色，这就是黑陶或灰陶。

最著名的黑陶当属山东的龙山黑陶和浙江的良渚黑陶，这两个地方是黑陶的发源地。黑如漆、声如磬、薄如纸、亮如镜、硬如瓷是黑陶的五大特点。精品黑陶乌黑光亮，薄如蛋壳，反映了当时制陶业发展的高水平，被誉为"土与火文明的诠释，力与美的结晶"。

烧制成品是红陶、黑陶还是灰陶，不但与制陶的原料有关，更多的是倚重烧陶技术的掌握。各地陶器种类的演变主要在于制陶技术的差异，特别是烧陶技术的掌握，当然还与各地区先民对陶色的爱好及兴趣有关。有了这种认识，人们就能明白，陶器品种的增加，实际上是制陶技术发展的自然结果，其中包含的许多化学变化的因素，那时候的古人是无法知道的。

结构简单的横穴窑与竖穴窑取代了落后的平地烧制，对窑的温度、气氛的控制也取得了一定经验。当时最高的烧成温度已经达到了 1 100 ℃，已接近陶与瓷的临界温度。那时出现的一些陶器，器形庄重，纹饰精美，堪称艺术精品。

材料制备装置的进步，使得烧制温度更高，时间更长，均匀性、稳定性也更好了。这不仅提高了陶制材料的质量，还产生了更为精美的瓷器，给金属的冶炼奠定了基础。

陶瓷材料在英语中都用"ceramics"，但是陶器和瓷器还是有区别的。

陶与瓷的质地不同，性质各异。陶是以黏性较高、可塑性较强的黏土为主要原料制成的，陶制品不透明，有细微气孔和微弱的吸水性，击之声浊。瓷是以瓷土、长石和石英制成的，瓷制品半透明，不吸水，抗腐蚀，胎质坚硬、紧密，叩之声脆。陶器的烧成温度为 800～1 100 ℃，瓷器的烧成温度为 1 300～1 400 ℃。陶器的坯体较薄但不透明，瓷器的坯体无论厚薄都是半透明的；陶器的硬度较差，瓷器的硬度较高。再有就是施釉的不同，陶器通常不施釉或只施低温釉，瓷器表面则施有一层高温釉，它可增加胎体强度，并有效地隔绝气体，从而达到美化、光洁瓷器的目的。也可以用一句话概括：陶器近土，瓷器近石。

世界各个民族都有陶器制备的历史，只要会用火，就会出现陶器，故陶器没有确切的发明国。瓷器是由中国发明的，大约在公元前 1500 年的商朝，古代中国的制陶工人已经使用高岭土制备出了世界上首批瓷器。瓷器的成熟是在东汉晚期，浙江越窑青瓷的烧制成功是中国陶

瓷制备发展的一个里程碑。在这之前采用通常所说的
"陶瓷同窑合烧",而到东汉晚期结束了这一状况,出现了
专烧瓷器的龙窑。浙江上虞东汉窑址出土的青瓷已具备
瓷器应具备的各项特征,因此越窑青瓷也被称为"母亲
瓷"。越窑持续烧制了 1 000 多年,于北宋末、南宋初停
烧,是中国持续时间最长、影响范围最广的窑系。

烧制瓷器有三个重要的前提:高岭土原料、更高的炉
温和上釉技术。更高的炉温和上釉技术并不是中国首
创,而高岭土则是在中国最早普遍使用的。高岭土是一
种非金属矿产,是一种以高岭石族黏土矿物为主的黏土
和黏土岩。因其呈白色且细腻,故又被称为白云土。高
岭土的化学成分中含有大量的 Al_2O_3、SiO_2 和少量的
Fe_2O_3、TiO_2 以及微量的 K_2O、Na_2O、CaO 和 MgO 等,具
有良好的可塑性和耐火性,是生产瓷器的良好原料,因代
表性产地自江西景德镇高岭村而得名。

在现代英语词汇中,"中国"和"瓷器"都是"china",而
有关其渊源则有不同的说法。一种说法是中国古代瓷器
的中心在江西景德镇,而景德镇古称为"昌南",当时外国
人将"昌南"读为"china",于是"china"既是"瓷器"之意,
又成了"中国"的代名词。另一种说法是陶瓷最初的称呼
是"chinaware",直译是"中国瓦",因为古代将土烧制成的

材料与文明

陶土器皿皆称为瓦,所以陶瓷产品也称为瓦器。后来省略"chinaware"中的"ware",简称瓷器为"china"。也有考证认为,"china"最初的意思就是指"中国",这一单词获得"瓷器"之意,已经是晚清时候的事了。

不管怎样,瓷器是中华文化的象征,是文明传播的载体,是中国对世界的特殊贡献,因此也将瓷器与中国的四大发明相并列。

▶▶技术精湛的青铜时代

➡➡铜的早期使用

铜是人类最早开始使用的金属,青铜时代在人类文明发展中占据重要位置。比较纯的铜呈紫红色,也称为红铜或紫铜。铜与其他合金元素形成的铜合金,根据其外观颜色有黄铜、白铜和青铜之分。铜与少量的锌组成的合金称为黄铜,铜与镍组成的合金称为白铜,而青铜一般是指铜与锡组成的锡青铜。

幼发拉底河和底格里斯河两河流域的下游地区古称美索不达米亚,相当于现代伊拉克地区,这是人类文明的重要发祥地。在伊拉克北部,考古发现的人类祖先最早使用铜的历史距今已有上万年。

远古早期使用的铜基本是天然的铜。自然界天然的金属铜不多，加之红铜熔点高，熔炼比较困难，性能较软且不耐用，因此很长时期内冶铜的发展较缓慢，日常生活中仍以石器、陶器为主，在历史上存在一段被称为"铜石并用"的时期。

　　有关远古时代"铜石并用"的著名事件是"奥兹冰人"。

　　1991年9月，德国登山游客西蒙夫妇在意大利境内的阿尔卑斯山探险时，在一个1万英尺的山谷中发现了一具赤裸、扭曲、脸朝下躺在冰雪中的尸体。起初这两位探险者以为这是一位发生意外的现代登山者，但经研究发现，这是一具距今5 300年的早期人类的遗体，被取名为奥兹。在奥兹的旁边，人们还找到了他携带的一些物品：一把比他还高的弓，一把匕首，14支箭（其中12支是箭杆）和一把铜斧。这把铜斧不但在考古学上，而且在材料学上也具有很重要的地位，它可以让我们追溯人类金属铜器成形技术的历史。

　　这把铜斧总长61厘米左右，其斧柄由紫杉木制成，最宽处为10厘米左右，整体有些弯曲。这把斧头含99%的铜和微量的砷、银等，是用红铜制作的。对奥兹头发的分析显示他参加过冶炼铜的工作。推测这把斧头是采用当地的铜矿原料制备而成的。后来人们又在瑞士的阿尔卑斯山北麓发现了一把有 5 300 年历史的铜斧，其形状和奥兹使用的铜斧基本一样。实验室分析发现这两把铜斧都是用红铜制作的，并不是青铜。除了斧子外，奥兹携带的匕首是用燧石制成的，另外还有一把长达 1.82 米的红豆杉制长弓，所以推测奥兹是"铜石并用"时代的古人，而不是青铜时代的人类。

我国也存在着一个从"铜石并用"时代向青铜时代过渡的时期，最早开始使用红铜可追溯到 5 000～6 000 年前。在黄河流域广泛分布的新石器时代的仰韶文化和龙山文化遗址中，陆续发现了许多红铜制品。1973 年在陕西临潼的仰韶文化遗址中发现了一件铜片，经碳 14 鉴定距今约 6 000 年。一些遗址中有冷锻加工制成的小件工具、装饰品等，并且在一些遗址中发现了铜渣，证明当时已出现了铜的熔炼。

➡➡孔雀石、蓝铜矿和"冶金"

央视大型文博探索节目《国家宝藏》中，第一件与观众见面的国宝是北宋的《千里江山图》，天才少年画师王希孟采用了极其复杂的"青绿法"。虽历经千年，今天《千里江山图》中的风景依然清晰可辨,烟波浩渺的江河、层峦起伏的群山构成了一幅美妙的江南山水图,不但代表着青绿山水图发展的历程,而且集北宋以来水墨山水之大成。迄今没有能与其媲美的青绿山水图,它是中国十大传世名画之一。

这幅传世名画能历经千年仍保持色彩依旧的重要秘诀是绘画颜料使用的是呈色稳固、经久不变的孔雀石(石青)和蓝铜矿(石绿)。孔雀石由于颜色酷似孔雀羽毛上斑点的绿色而得名,蓝铜矿因拥有神秘的靛蓝色而被远古人类视为灵石。

孔雀石和蓝铜矿不仅是名贵的颜料,还开启了人类文明史上的青铜时代。

人类最早使用的金属是各类自然存在的金属单质,比如自然铜、陨铁等,主要是利用获取的单质金属直接熔化成型后使用。

天然金属资源毕竟有限,为了获得更多的金属,必须采用冶炼方法,从矿石中制取金属。人类在寻找石器的过程中认识了矿石。

蓝铜矿常与孔雀石紧密共生,是自然界广泛存在的两种碱式碳酸铜,其化学成分和结晶习性相近,一同产于铜矿床的氧化带中，而且蓝绿搭配、色彩艳丽，是矿物中的"姐妹花"。孔雀石和蓝铜矿在地层中埋藏很浅，艳丽的色彩很早就被远古人类发现和使用。在烧制陶器过程中，放入陶窑的孔雀石或蓝铜矿，在几百摄氏度甚至上千摄氏度的烧烤下，通过氧化还原反应还原出铜来。新石器时期陶窑的温度已经达到 1 100 ℃以上，而纯铜的熔点为 1 083 ℃，含有杂质的铜的熔点更低，在烧制过程中自然会在陶窑中得到与自然铜相似的物质。冶金技术就此发端。

考古发现，大约公元前 5000 年，在现在的土耳其周边，人们可以从孔雀石和蓝铜矿中萃取液态铜，并且可以将熔融的铜铸成不同的形状。大约公元前 3500 年，古埃及人第一次冶炼出了铁（可能是精炼铜过程中的一种副产品），当时主要是少量地用于装饰和仪式，由此揭开了冶金的秘密，随后铁逐渐成为全世界材料制备的主导。大约公元前 3000 年，在现在的叙利亚和土耳其地区，冶金劳动者发现在铜矿石熔炼前，向其中加入锡矿石可以熔炼出青铜，性能更好。由此建立了合金的概念：将两种或两种以上的金属熔合在一起所制成的物质，其性能优于任一组分。

中国最早的冶金大约可追溯到夏朝。在早期的文明国家中,中国使用金属的时间相对较晚,但是中国在冶铸技术方面的发明和创新,使得中国的青铜器和铁器冶炼技术很快后来居上,告别石器时代走向新的文明。

金属冶炼技术的发明是人类告别石器时代的伟大创举,开辟了开发地球矿物宝藏的途径。金属的生产和使用使得远古人类得以从蒙昧向古代文明转变,人类的生活发生了翻天覆地的变化。

➡➡青铜与文明

青铜时代是以使用青铜器为标志的人类文明发展阶段。青铜是铜与锡或铅的合金,因埋在土里后颜色呈青灰色,故得名。纯铜熔点高,强度低,因此用途较少。青铜熔点明显降低,而且硬度、强度显著提高。含锡10%的青铜,硬度可以达到纯铜的近5倍。青铜器的出现和使用,对提高社会生产力起到了划时代的作用。

两河流域和小亚细亚半岛,在青铜的发展上有着辉煌的历史。大约公元前3000年,在现在的叙利亚和土耳其地区,冶炼者发现在铜矿石熔炼前,向其中加入锡矿石可以熔炼出青铜。4 000多年前,小亚细亚半岛已经可以使用失蜡法铸造精美的青铜物品。陕西姜寨遗址出土的公元前4700年的黄铜片及黄铜圆环,标志着人类初步掌

材
料
与
文
明

握了金属冶炼技术。

中国青铜文化历史悠久、工艺精湛、技术娴熟、内容丰富，是世界文化宝库中的精华。在青铜器的制作中出现了许多令人叹为观止的精巧技艺，但遗憾的是，不少技艺在历史的长河中已经失传了。

1965 年湖北省荆州市江陵县望山楚墓群 1 号墓出土的越王勾践剑，是青铜武器中的珍品。越王勾践剑长 55.7 厘米，柄长 8.4 厘米，剑宽 4.6 厘米，剑首外翻卷成圆箍形，内铸有间隔仅 0.2 毫米的 11 道同心圆，剑身上布满了规则的黑色菱形暗格花纹，正面有"越王鸠（勾）浅（践）自作用剑"的鸟篆铭文，剑格正面镶有蓝色玻璃，背面镶有绿松石。

越王勾践剑在潮湿的土层里埋藏了 2 000 多年，不锈不腐，出土时依然锋利异常。曾有工作人员为了展示其锋利程度，用它做了划纸测试，发现它一次可以划开十几层纸。

这是我国古代科学技术上的一项重大成就。科学分析表明，越王勾践剑主要由铜和锡铸造而成，含有少量的铝和微量的镍。剑身上的黑色菱形暗格花纹及黑色剑格是经过硫化处理的，也就是用硫或硫化物与金属表面相互作用,形成一个薄薄的硫化层保护膜。剑的表面还有一层合金铬,在长时间放置后能与空气中的氧生成致密的氧化铬层。这种处理方法既使宝剑美观,又保护剑体不被腐蚀,因此能存留至今。

1978 年湖北随州曾侯乙墓出土了若干震惊世人的精美青铜文物,除了众所周知的曾侯乙编钟之外,鬼斧神工般的曾侯乙尊盘(图 1)更显示出了我国古代青铜铸造技术的辉煌。

图 1　曾侯乙尊盘

曾侯乙尊盘的装饰纷繁复杂,铜尊上用 34 个部件,经过 56 处铸接、焊接而连成一体,尊体上装饰着 28 条蟠龙和 32 条蟠螭,颈部刻有"曾侯乙作持用终"7 字铭文。

铜盘盘体上共装饰了 56 条蟠龙和 48 条蟠螭,盘内底刻有"曾侯乙作持用终"7 字铭文。整个尊盘共饰龙 84 条,蟠螭 80 条,制作复杂,造型美观,精巧华丽。

古人是如何制作出这件令人叹为观止的艺术精品的? 直到 20 年后一位文物修复专家用失蜡法做出了复制品,才有了一丝端倪。失蜡法是将蜡做成模,成型后用细泥浆反复浇淋,泥浆包住蜡模后再涂以耐火材料用火烘烤,做成铸型。蜡熔化后流出,形成型腔,即可浇铸铜汁成器。而现代人则是借助电焊、烙铁等现代化工具,耗时耗力方才成型,而且也未能复现原物的神韵。

当年的文物报告是这样写的:"其造型艺术和铸造技术都达到炉火纯青的程度。在所有传世和出土的商周青铜器精品中,是一件令人叹为观止的艺术精品。"可以说,这种高超的铸造技术至今还未能被超越。

▶▶铁器时代的文明发展

➡➡铁的认识

图坦卡蒙是 3 300 多年前古埃及的一位法老,他的坟墓在 3 000 多年的时间内从未被盗,直到 1922 年才被英国考古学家霍华德·卡特发现,墓中的大量珍宝震惊了世界。现在他的豪华陵墓和黄金面罩已成为埃及古老文明的重要象征。

图坦卡蒙木乃伊的身旁有一把精美的铁制匕首,古埃及这位极富权势的法老将这把铁制匕首随身陪葬,可见其珍贵异常。英国考古学家霍华德·卡特看到这把匕首时,感觉它十分特别,后来通过实验证明,这把匕首的刀刃除了铁之外,镍含量也较高,还含有少量的钴和磷,是用来自遥远外太空的陨铁打造而成的。

图坦卡蒙匕首的刀刃展现出了非常高超的制造工艺,说明在图坦卡蒙时期,埃及人已经掌握了先进的铁器制造技术。自卡特发现陨铁匕首以来,研究人员发现,不只是图坦卡蒙的匕首,几乎所有可追溯到青铜时代的铁器,都是用陨铁打造出来的。

对人类的祖先来说,这种奇特的合金(陨铁)是来自神明的馈赠。古埃及人称它为"来自天堂的金属"。铁镍合金具有一定的延展性,可以根据需要锻造成各种形状而不会碎裂。但这种"靠天收"的钢铁来源十分有限,使得这种金属在古代比宝石或黄金更有价值。

铁对人类文明的发展有着重要的影响。和青铜相比,铁的强度、硬度要高很多。在冷兵器时代,能拥有"削铁如泥"的武器对于取得战争的胜利起着关键的作用。
铁制兵器遇到青铜武器，可以用"所向披靡"来形容。

铁尽管在自然界分布广泛，但因其化学性质活泼，在
自然界很难以纯金属的形式存在，加之铁矿石的熔点较
高，又不易还原，所以人类最早发现和使用的铁，是天空
中落下来的陨铁。陨铁在进入大气层的过程中本身就要
经过快速高温阶段，其过程和现代炼钢有相似之处，性能
接近现代钢铁。

外太空降落的陨铁数量很少，因此用陨铁制作的器具
是很珍贵的。远古时代人们常常只用陨铁制作兵器的锋
刃，而其他金属部分仍用青铜制作。1931 年河南浚县同时
出土的两件商末周初的铁刃青铜武器，1972 年河北藁城台
西村出土的铁刃青铜钺（商代），1977 年北京平谷县（现为
平谷区）刘家河商墓出土的铁刃青铜钺，其铁刃都是用陨铁
制作的。这四件陨铁兵器中，有三件是象征君授天赋、拥有
生杀大权的钺，在当时只有高级将领和贵族才能拥有，可见
当时使用陨铁兵器是一种权力的象征。

在河北藁城台西村出土的青铜钺曾引起考古学界和
技术史界的浓厚兴趣和争议。这件钺的主体是青铜，在
青铜钺上嵌有铁刃，其年代为公元前 14 世纪前后，距今

3 400多年。这把商代铁刃青铜钺的铁刃是经加热锻打后，和钺体嵌在一起的。围绕这件重要文物，诸多讨论、争议的一个焦点是其使用的铁是否是人工冶炼的。

国内一家著名研究机构鉴定出该铁刃经过了热变形，从成分和组织特征推断出铁刃是冶炼的产物。这个结果意味着将我国冶炼铁器时期向前推进了一大截，引起了学界的高度关注。

由于鉴定结果中存在疑点，加之河南浚县出土过类似的两件铁刃青铜武器，年代相当于更晚的商末周初，铁的部分却是由陨铁加工成的，因此时任中国社会科学院考古研究所所长的夏鼐对"人工冶炼说"持怀疑态度，并于1975年请材料学家柯俊做了进一步鉴定。柯俊带领研究人员对这一铁刃青铜钺与其他文物和陨铁进行了大量的对比分析，最终结论是藁城出土的青铜钺的铁刃不是人工冶炼的，而是用陨铁锻成的。主要依据是在其中发现了较高含量的镍和少量的钴，这是陨铁的成分特征，特别是在其中发现的分层高镍偏聚，只能发生在冷却缓慢的铁镍天体中。

在藁城出土了铁刃青铜钺曾经是科学史的著名事件，而最终解答这个疑难问题，让整个事件尘埃落定的，

材料与文明

则是材料学家的客观实验和严谨的分析。

➡️➡️ 铁的冶炼

铁的冶炼促进了铁器的大规模使用，是人类发展史上的一个光辉里程碑。古人在冶炼青铜的过程中，会偶然加入一些铁矿石，因而可能会冶炼出零星的铁。而人类最终熟练掌握冶铁术，是通过不断的尝试、总结与再尝试，经历漫长岁月而实现的。

人类从石器时代、青铜器时代走到了铁器时代，铁器使古代社会文明取得了巨大的进步，原因在于它的广泛应用。我国的考古发掘证明，夏商时代成千上万件青铜器主要是礼器、乐器和武器，其中只有很少部分是青铜农具，那时候农具主要是石制、木制与骨制的，其中更以石铲、石锄、石镢、石镰为多。而铁器出现后，则大量用于农业生产中，极大地推动了人类文明的发展。

到底是哪个地区最先发明了炼铁技术，还存在着争议。目前已有资料表明，西亚赫梯人可能是最早发现和掌握炼铁技术的。

赫梯王国在公元前 2000 年左右兴起于小亚细亚地区，考古发现显示赫梯王国的铁器生产可以追溯到公元前 20 世纪。赫梯人制备铁的方法被称为"块炼铁"，这是

24

一种将铁矿石长时间在高温还原性气氛（如燃烧中生成的一氧化碳）中焙烧而得到固态铁的技术。

赫梯人生活的地方铁矿石很多，他们在炼铜时，可能会混杂一些铁矿石进去；在建造冶炼炉时，也可能经常用坚硬的铁矿石来砌炉壁。这样在长时间的冶炼过程中，铁矿石中的铁会被燃烧炉中的一氧化碳还原出来，而还原出来的铁会呈现百孔千疮的形状，研究科学史的学者就把人类最早炼出的这种铁称为"块炼铁"。

"块炼铁"很容易与铜区别，赫梯人逐渐发现，把这些"块炼铁"重新加热并反复锻打，疏松的铁块就变得更加密实而有韧性，可以将其做成器皿、工具和武器。世界上最早的炼铁技术就此诞生。

赫梯王国的军队得到了制作铁器的秘诀，生产力飞速提高。在周边地区还在使用青铜兵器的年代，赫梯人就已经使用铁来制作兵器，在战场上占据了极大的优势，这也是赫梯王国得以迅速崛起的重要原因。依靠铁制兵器、马和战车，赫梯王国攻掠美索不达米亚、叙利亚等周边地区，击溃古巴比伦，在公元前 15 世纪末至公元前 13 世纪初，达到最强盛的时期。

铁器发明后，赫梯王国把炼铁技术视为必须严格保

材料与文明

守的秘密,不许外传,以致铁器价格昂贵,甚至高出黄铜数十倍,故铁器只被当作珍贵礼品在一些国家的宫廷里传送。炼铁技术在赫梯人的层层严防死守之下竟然长达上百年没有被泄露,这一方面使得赫梯王国飞速发展,远超周边其他国家和地区;另一方面,这种保密措施使得整个人类文明的进程滞后了。赫梯王国在公元前 12 世纪瓦解,最终被后起的亚述帝国灭亡。赫梯王国崩溃后,炼铁技术的垄断被打破,赫梯工匠四处移民,把这种技术广泛传播,人类历史上的铁器时代才真正来临。

用陨铁制作工具虽然有更为久远的历史,但因为陨铁数量很少,所以对人类生产和文明发展没有产生明显的影响。但通过对陨铁的利用,人们初步认识到了铁。炼铁技术的出现和传播,使人类可以更加经济、方便地得到更好用的工具,人类文明随着铁器时代的来临,走向快速发展的时期。

➡➡中国的辉煌贡献

在炼铁技术发明之前,我们的祖先已懂得利用天然的陨铁来制造工具。前文谈及的河北藁城出土的铁刃青铜钺,证明了中国人在 3 400 多年前已经熟练掌握了陨铁的加工锻打技术。但这些器物只是把铁用作工具的刃部,可见当时铁的珍贵,以及人们对铁和青铜两种金属材料不同性能的深刻认识。

铁比铜的熔点高不少,在人类文明的早期,由于冶炼炉的温度还不能达到使金属铁完全熔化的高温,因此首先是青铜冶炼术和青铜工具得到了发展,然后是铁矿石在高温固态下还原得到了"块炼铁"。但"块炼铁"技术的缺点是浪费大,耗时长,生产率低,因此在中国历史上只是昙花一现,随后很快被铸铁技术所取代。

铸铁技术是将液态铁水直接浇铸成型,可以实现连续生产,成型率比较高,产量和质量都可以得到大大提升。铸铁技术是炼铁技术史上的一次飞跃,是中国古代在人类发展史上的重大发明。铸铁技术能在中国发明,得益于中国古代发达的制陶技术、青铜冶炼技术和铸造技术。

古代上千年的青铜冶炼实践,使得中国古人具有了提高炉温的丰富经验。《礼记·学记》中有"良冶之子,必学为裘",这里的"裘"指的是羊皮做的风囊。这句话的意思是,要炼好铁,必须要先学会鼓风,把握火候。商周以来,青铜范铸技术一直非常发达,这种铸造技术很自然地延续到铸铁材料的加工上来。

我国的铁器时代始于春秋晚期，距今约 2 600 年。1951 年在长沙识字岭春秋晚期楚墓中发现的凹形铁锄和长沙窑岭春秋晚期墓中出土的铁鼎是国内发现的最早的铸铁件，这说明当时的楚国是我国最早冶炼铁矿和使用铁器的地方。

早期铸铁中的含碳量很高，脆性较大，俗称生铁。在西汉时期发明了炒钢工艺，这一技术是将生铁加热到液态或半液态，通过鼓风、用棍子搅拌或撒入精矿粉等方法降低生铁中的含碳量，大大降低生铁的脆性。这种技术需要在冶炼过程中不断地搅拌，好像炒菜一样，因而得名炒钢。

在东汉时期，发明了用水力机械带动鼓风囊，使皮囊不断伸缩，给高炉鼓风。该技术大大提高了劳动效率，对古代冶炼工艺的发展具有里程碑的意义。

由于铸铁生产的简便易行，铁器产品不仅用于制作兵器，还广泛地用于制作衣食住行所需的很多工具和器具。铁制农具的使用提高了生产力水平，推动了社会变革。炊具当中最常用的铁锅，在明清时期是中国与南洋等地开展贸易中的大宗商品。

很多建筑的关键部位、结构件也都开始使用铁制品。

赵州桥是中国古代石拱桥的优秀代表,其石头、石块之间的连接部位也大量使用了铸铁以及用铸铁加工的钢。在民间信仰以及宗教传统方面也广泛采用铸铁件,如铁佛、铁塔、铁钟,以及河道边、码头渡桥旁的铁牛、铁狮子等。

中国古代在炼铁技术上,依靠先人的智慧和勤劳的实践,在世界上长期保持先进水平。国外从"块炼铁"到铸造生铁,经过了长期缓慢发展的过程,直到公元 14 世纪才有了炼铁技术,大约比中国晚了 1 900 年。在鼓风技术上,中国比欧洲早了约 1 200 年。中国的铁器制作技术是中华文明发展进程中必不可少的一部分,推动了中华文明连绵不断地发展。甚至可以说,中国炼铁技术向西方的传播推动了整个人类文明的发展。

➡➡ 钢铁发展与现代化之路

开始于 18 世纪 60 年代的工业革命开启了全球现代化的进程,实现了从传统农业社会转向现代工业社会的重要变革。在生产技术上,瓦特改良蒸汽机以及此后一系列的技术革命产生了从手工劳动向动力机器生产转变的重大飞跃。机器生产代替了手工劳动,大规模工厂化生产取代了个体工厂生产。工业革命创造了巨大的生产力,使社会面貌发生了翻天覆地的变化,率先完成工业革命的国家逐步确立起对世界的统治地位。

由于机器的发明和运用成了那个时代的标志,机器设备的大量使用对钢铁产生了前所未有的需求量,因此钢铁成为促使工业革命技术加速发展的主要因素之一。

这个时期,瑞典化学家托贝恩·奥洛夫·贝格曼从本质上揭示了钢铁材料的特性,他指出,熟铁、生铁、钢都是由铁和碳组成的合金,其差别仅在于碳的含量。从炼铁炉出来的是含碳量很高的生铁,这种生铁极硬而且很脆,只能做简单的农具。将生铁中的碳排出后即形成熟铁,熟铁的韧性很好,可以锻打成任意形状,但是它很软。含碳量介于熟铁和生铁之间的钢既坚硬又有韧性。

制造钢材所面对的困难是需先将生铁变成熟铁,然后再往其中加入适量的碳。传统的方法是把制成的熟铁放入炽热的木炭中长时间加热而使其表面渗碳,再经过反复锻打使其成为具有一定含碳量的钢。但这个方法费时费力,生产率很低。

钢铁生产中一个伟大的发明是 1856 年英国人亨利·贝塞麦提出的转炉炼钢法。所谓转炉,就是在炉体的两旁安装横轴,生产操作时用机械装置使炉体围绕横轴转动。将熔化的生铁放进转炉内,吹入高压空气,便可燃烧掉生铁中的高含量碳而炼成钢。

贝塞麦最初探讨生铁变成熟铁的方法是将仔细称量过的铁矿石加进生铁中,熔炼过程中铁矿石中的氧与生铁中的碳化合而生成一氧化碳,一氧化碳气体在从铁液逸出的过程中被烧掉,留下的就是纯铁。循着这个思路,贝塞麦想到,是否可以利用鼓风直接通氧呢?"如果把空气或氧气吹到足够数量的铁水中,那么它会引起液态金属的强烈燃烧,并维持和升高温度,使金属在不用燃料的情况下保持液态,并除去碳和磷、硫,把铁变成钢……"

实验现场,不少人对此表示极大的怀疑,一些反对的意见认为冷空气会使铁水冷却、凝固,从而使整个冶炼过程停止。但是,当从炉底鼓进空气后,情况出人意料。随着空气的鼓进,铁水中的锰和硅被氧化,形成褐色烟雾逸出。在这期间,铁水中的碳也被氧化成气体逸出,炉温不但没有降低,反而还升高很多,反应非常剧烈。整个过程不需要任何燃料,就可以炼出一炉钢,而且可以通过控制吹入空气的时间来调整铁水中的含碳量。

这一技术标志着现代化工业炼钢方法的问世,自此,世界从早期的铁器时代进入了钢铁时代。

很长一段时期内,钢铁的生产能力都是衡量世界工

业化国家发展水平的重要指标。图 2 是 100 多年间世界
主要国家钢铁产量占比的发展，可以看出在英国、美国及
苏联/俄罗斯的强盛时期，其钢铁产量占据世界的份额。

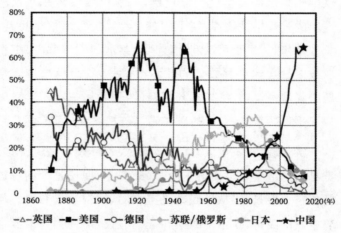

图 2   世界主要国家历年钢铁产量占比

我国在数千年间一直是农业国家，自中华人民共和
国成立后开启了工业化之路，经过 70 多年的砥砺奋斗，
我国的钢铁产量从 1950 年的 61 万吨发展到 2020 年的
10 亿多吨，工业化水平实现了从工业化初期到工业化后
期的历史性飞越，基本经济国情也实现了从落后的农业
大国向世界性工业大国的历史性转变。

材料科学的诞生

科学是永无止境的,它是一个永恒之谜。

——爱因斯坦

人类虽然已经有几千年材料应用的历史,但是到了近代,才开始真正揭开材料的奥秘,而有关材料的研究成为一门与物理、化学等比肩的科学,则只有不到百年的历史。材料可以说是一门古老的技艺、年轻的科学。对材料奥秘的不断探索,使人类对自然的认识从懵懂走向智慧,从愚昧、神秘走向科学。

▶▶从经验到科学

➡➡科学的诞生

科学是人类追求的永恒主题。那么,什么是科学呢?

爱因斯坦认为，就科学家追求的目的来说，可以将科学定义为"寻求我们的感觉经验之间规律性关系的有条理的思想"。

从科学的基本要素来看，科学应该具备如下几个要点：

·科学是反映世界客观本质的真理。科学应该是简明扼要的，不需要假设任何不必要的条件。

·科学能解决已知的问题，并能够提出一系列可供研究的新问题。

·科学的对象应该有其规律性。科学本身是自洽的，科学是可证伪的。

·科学的内容必须是可验证的，能进行重复实验，有清楚的边界条件界定其应用范围，说明在什么条件下是适用的，而不是无所不能的。

因此也有学者提出，科学是建立在严谨的形式逻辑系统之上，用实证来验证的一种分析和发现大自然规律的自我纠错的方法。

自古以来，无论是在中国，还是在外国，对自然本质和规律的探究一直没有停步。

古希腊的泰勒斯在数学、天文学领域留下了不凡的成就，他利用相似三角形判定定理测量了金字塔的高度；通过对日月星辰的观察和分析，确定了一年为 365 天。亚里士多德建立了以三段论为主体的逻辑系统，历经 2 000 多年发展出系统、严密的形式逻辑体系和理论。中国古人提出的天文历法和二十四节气，现在仍在日常生活中使用。两汉时期的《九章算术》在世界数学史上首次阐述了负数及其加减运算法则，是当时最简练、有效的应用数学。

　　作为严谨的形式逻辑与实证方法相结合的现代科学，被普遍认为诞生于欧洲的文艺复兴时期。古希腊的自然哲学家们建立了严谨的形式逻辑系统，但在实证方面仍有欠缺。而伽利略等人把观测和实验带到了科学当中，伽利略是科技史上公认的"近代科学之父"。

　　伽利略最著名的传奇故事是在比萨斜塔的自由落体实验。按照古希腊思想家亚里士多德的落体理论：物体从高空落下的快慢与物体的重量成正比，重者下落快，轻者下落慢。直到伽利略时代，人们都把这个理论当作真理而坚信不疑。

　　伽利略指出了这个理论在逻辑上的矛盾之处：如果

依照亚里士多德的理论，假设有两块石头，大的重量为8，小的重量为4，则大的下落速度为8，小的下落速度为4。当两块石头被绑在一起时，下落快的会因为下落慢的而被拖慢，所以整个体系的下落速度应在4～8范围内。但是两块绑在一起的石头的整体重量为12，下落速度应该大于8，这就陷入了一个自相矛盾的境地。

伽利略进而假定，物体下落的速度与它的重量无关。如果两个物体受到的空气阻力相同，或将空气阻力略去不计，那么两个重量不同的物体将以同样的速度下落，同时到达地面。

伽利略不仅做了自由落体实验，更重要的是将自由落体实验转化成斜面实验，凭借数学的推理证实了他提出的物体下落速度与其重量无关的学说。这个结论彻底否定了亚里士多德的落体理论，翻开了科学史上崭新的一页。

现代科学建立的标志是伽利略在1638年出版的不朽之作——《关于两门新科学的对话》（*Discourses and Mathematical Demonstrations Concerning to Two New Science*）。两门新科学指的是材料强度学和物体动力学。书中提出的新概念和新思想，对后来的科学发展产生了深刻的影响。

→ →制作宝剑的"诀窍"

"十年磨一剑,霜刃未曾试。今日把示君,谁有不平事?"

在中国文化中,没有哪一种兵器能像宝剑一样被赋予生命和品格,并被推崇到至尊至贵的地位。我们所熟知的武侠小说中,大侠常与宝剑相伴,除暴安良。

中国古代的宝剑不仅存在于文化中,还以出土的实物惊叹世人。越王勾践剑虽然经过了 2 000 多年的历史,但出土时锋芒依旧,不腐不朽,剑上的纹路清晰可见。中国古代的工匠们以精湛的技艺为后世留下了珍贵的作品。

那么,制作宝剑的诀窍是什么呢?

在有记载的中国十大名剑中,春秋战国时期的越国人欧冶子就为越王制作了五把——湛卢、纯钧、胜邪、鱼肠、巨阙,故他被尊为中国古代铸剑的鼻祖。在这些名剑中,名列第一的是湛卢剑,传说此剑可让头发及锋而逝,铁近刃如泥。那么,欧冶子铸剑的方法是什么呢?

"欧冶子挟其精术,径往湛卢山中,于其麓之尤胜且绝者,设炉焉。取锡于赤谨之山,致铜于若耶之溪,雨师洒扫,雷公击劈,蛟龙捧炉,天帝装炭,盖三年于此而剑成。剑之成也,精光贯天,日月斗耀,星斗避怒,鬼神悲号,越王神之。"

欧冶子在铸湛卢剑时,不仅在风景绝美之处设置冶炼炉,取精华之地的冶炼材料,还需要天神的相助:雨师洒扫,雷公击劈,蛟龙捧炉,天帝装炭。最终,经历三年方成一剑。

铸剑记载的文字虽然优美,但铸剑方法已被神化,世间难求。

再来看看作为宝剑代名词的干将莫邪剑制作过程的记载。

"干将作剑,采五山之铁精,六合之金英,候天伺地,阴阳同光,百神临观,天气下降,而金铁之精不销沦流。"

干将在铸剑时,采集优质材料,想尽各种办法,但始终无法熔化金属。干将百思不解。

此时,干将的妻子莫邪是怎么说的呢?

"夫神物之化,须人而成。今夫子作剑,得无得其人而后成乎?"

莫邪对干将说,要制造神物一般的宝剑,是需要人气才能成功的。今天夫子造剑，是不是要有人的作用才能成呢？

干将此时是如何回顾并总结前辈铸剑成功的经验的呢？

"昔吾师作冶，金铁之类不销，夫妻俱入冶炉中，然后成物。至今后世，即山作冶，麻服，然后敢铸金于山。今吾作剑不变化者，其若斯耶？"

干将说，以前我师傅铸剑，遇到金属在炉内不熔化的情况，他们夫妻一起跳入冶炼炉中，就制成了宝剑。直到现在，他们的后代在冶炼之时，都要披麻戴孝，才敢在山上铸剑。我们现在造不成剑，是否也是这个原因呢？

莫邪是如何回应的呢？

"师知炼身以成物，吾何难哉？"

莫邪是个贤惠、有献身精神的妻子。"师傅都知道舍身成剑，我们又有什么为难的？"

于是莫邪"乃断发剪爪，投于炉中，使童女童男三百人鼓橐装炭，金铁乃濡，遂以成剑，阳曰干将，阴曰莫邪"。

这些记载惊天地泣鬼神，但这真是制剑的诀窍吗？不难设想，在历史长河中，从之者有，成之者寥。

材料科学的诞生

中国古代材料制备的"诀窍"充满着神秘色彩：或者是天人合一的产物；或者需要极其虔诚的心灵，需精诚所至方能感化熔化的金石。

从科学的角度来分析，这些记载中的规律性是不可复制和验证的。我们的古人在材料制备中依靠勤劳、智慧留下了许多精湛的技艺，更多的是依靠经验的积累。农耕社会长期封闭的技术环境，使得很多经验没能得到及时的总结，不少有价值的技艺在历史的长河中失传，致使人们在认识材料的科学原理上处于混沌之中。

➡➡千锤百炼始成钢

"精雕细琢方为器，千锤百炼始成钢"，用于比喻在人的成长过程中，经过长期艰苦的锻炼，才能变得非常坚强。而"千锤百炼"也是古代匠人在长期实践中总结得到的制作性能优良的铁制器具的工艺。

我国从东汉时期就有了关于百炼钢的记载，比如"九炼""三十炼""五十炼""七十二炼""百炼"等。"炼"字前的数字是加热的次数，即炼了多少次火。加工时，有将相近硬度的钢叠在一起锻打的，也有将硬度差别较大的钢叠在一起锻打的。在古代诸多冷兵器制造材料中，百炼钢是质量上乘的产品，不仅制造了名刀宝剑，还成就了经典成语"百炼成钢"。

沈括的《梦溪笔谈》中形象地描述了百炼钢的过程："锻坊观炼铁,方识真钢。凡铁之有钢者,如面中有筋,濯尽柔面,则面筋乃见,炼钢亦然。"

钢的反复锻打被比喻为揉面,而钢则如同面团中的面筋。反复锻打后,钢的强韧性会越来越好,就如同反复揉面,面团会越来越细腻,而且更加筋道。

百炼钢的技术影响了后期日本刀的制造。1961年,日本奈良古墓出土了一把钢刀,刀上有"中平 五月丙午"和"百炼"的铭文。"中平"是汉灵帝刘宏的第四个年号,为公元184—189年。这也是至今发现的最早的百炼钢实物。

在北宋时期,日本刀已经很有名气,大文豪欧阳修曾作诗《日本刀歌》,其中"昆夷道远不复通,世传切玉谁能穷。宝刀近出日本国,越贾得之沧海东",是描述日本刀的名句。

日本刀经过千年传承,形成了独特的技艺,已经作为一种文化保留下来。制刀的坯料称为玉钢,采用独特的低温炼钢法,可以得到高品质、质地较硬的钢材。匠人将钢块烧红,锤打开后再折叠起来锤打,如此反复,锤打的

材料科学的诞生

层数可达上千层。刀尖或整个刀身用较硬的"刃金"包裹相对较软的"心铁",形成双重构造。制作的成品成分均匀,组织细密,强韧兼备,是世界名刀之一。

在亚洲的另一端,中东民族的大马士革刀曾经让中世纪欧洲的十字军骑士闻风丧胆。大马士革刀具有优良的强韧性,刀锋锐利无比,被认为是冷兵器之王。大马士革刀的刀面上纷繁迷人的花纹图案给人极佳的视觉享受。

欧洲人在寻找大马士革刀的炼制秘诀中,认识了源自印度的乌兹钢。乌兹钢的历史比中世纪更为悠久,大约公元前 300 年,印度工匠就已经能够炼出乌兹钢。这是利用产自印度的特有的铁矿石,采用坩埚熔化原料而生产出的一种钢。乌兹钢曾在一段时间内是世界上最好的钢铁材料,其生产技术是印度工匠长期严格保守的秘密。

探寻乌兹钢高品质的过程启发了好几代冶金工匠和冶金学家,对乌兹钢的研究是近代冶金发展的一个重要组成部分。18 世纪晚期,在东印度公司任职的英国人收购了当地的一些坩埚钢锭,交给时任英国皇家学会主席,开启了英国人对乌兹钢和大马士革刀的研究热潮。

1800年前后,英国科学家揭示了乌兹钢是一种高碳钢。在这个时期,英国的亨茨曼发明了坩埚炼钢法,与印度乌兹钢的熔炼相比,亨茨曼熔炼的钢锭更大,而且能够控制其中的含碳量。坩埚炼钢技术为工具钢的出现打下了基础,德国著名的克虏伯大炮的炮管,当时也是采用坩埚炼钢技术制造的。

➡➡法拉第与合金

法拉第被誉为"电学之父"、"电磁感应之父"及"电力工业之父",他发明了人类第一台发电机。同时,他也被誉为"合金钢之父"。

法拉第最著名的贡献是在电学上,但他早期的主要研究对象则是合金。

在法拉第生活的时代,大马士革刀已经在它的原产地西亚地区失传了将近500年,只有一些历史遗留下来的收藏品在旅行家和收藏家手上流通。19世纪初,欧洲掀起了一场复原大马士革刀的热潮。1818年,一位刀具生产商带了一块乌兹钢钢锭交给法拉第,让他分析其中的元素。法拉第除了检查这种钢中是否含有铁和碳以外的元素,还试图在实验中通过添加合金元素来复制乌兹钢和大马士革刀。

法拉第设计了一座小型炼钢炉，使用焦炭作为燃料，用手动的鼓风装置来鼓风，在 12～15 分钟内就能熔化钢料。法拉第用当时通用的工具钢作为基本材料，通过向熔化的钢液中添加各种元素，做了大量实验。法拉第加入钢液中的合金元素有铬、镍、铂、铜、金、银、铂等，并留下了详细的实验数据。那时他认为钢是一种组元，其他元素是另一种组元，并提出了合金这一概念。可以说，合金这个词是法拉第最早使用的。

法拉第制作的合金钢，含铬量最高为 2.3%，含镍量最高为 2.2%，含铂量最高为 2.5%，含铜量最高为 2.79%，含银量最高为 1%。有的合金钢中还同时加入了 0.75% 的金和 2.1% 的镍，所有的合金钢中都含有 $0.75\%\sim1.5\%$ 的碳。

法拉第最初是为了复制一把大马士革刀，但这个目的最终未能实现。然而法拉第通过大量系统的实验，认识到合金元素的作用，最早提出了向钢中添加某些合金元素来增强其性能的想法，这些实验的结果当时被提供给了谢菲尔德的一家冶炼厂用来制造刀具。

法拉第还把他冶炼合金钢的研究成果写成了论文，提交给英国皇家学会，其中比较重要的论文是

1822 年发表的《关于合金钢》。法拉第这个时期的研究为后来合金钢的发展奠定了基础,开启了人类的合金时代。

▶▶揭开材料的奥秘

➡➡看清材料的显微组织

人类在对材料上千年的探索实践中,总结并积累了大量的经验。人们已经认识到元素成分的增减和制备工艺的差异会直接影响材料的性能,但弄清楚纷繁的材料种类及其性能差异的原因,则是在显微镜发明之后。显微镜的发明和应用可以称得上是材料从经验走向科学的重要起点。

17 世纪的英国人罗伯特·胡克和荷兰人安东尼·列文虎克是早期制作和应用显微镜的两位科学家。胡克最著名的成就是在力学基础上建立的弹性体变形与力成正比的定律,即胡克定律。在机械制造方面,胡克设计并制造了真空泵以及显微镜和望远镜。1665 年胡克设计了一台复杂的复合显微镜,一次他用自己发明的显微镜在树皮的一片软木薄片上观察到了植物细胞,这是人类历史上第一次成功观察到细胞。同年,胡克根据自己的显微镜观察所得写成了《显微术》一书。

列文虎克受《显微术》一书的启发,对胡克的显微镜镜片进行了改进。他一生中磨制了 500 多个透镜,制作了可以放大 300 倍的显微镜,这在当时是非常了不起的成就。列文虎克用显微镜首先观察并描述了单细胞生物,他对肉眼看不到的微小世界的细致观察和精确描述惊叹世人,这对细菌学的研究和发展起到了奠基作用,故他被誉为"微生物学之父"。

用显微镜观察金属是 19 世纪中叶才得以实现的。1863 年,英国矿物学家亨利·克利夫顿·索比借助观察岩相的方法,把钢制成薄片并磨平、抛光、蚀刻,看到了钢的内部丰富的细节,这是人类历史上第一次记录钢的内部显微形貌。通过后期分析,索比揭示了不同含碳量的钢在性能上存在差异的原因:碳与铁结合形成细片状的碳化物 Fe_3C,Fe_3C 是非常硬的,因此含碳量越高,钢也就越硬。

这个成果对材料科学的形成具有里程碑的意义,因为它将材料的性能与显微细节联系起来了。这一技术被推广应用到其他金属和合金的微观分析中,开启了金相学的研究。迄今这一技术仍然是材料实验中必须掌握的一项基本技能,索比因此而被尊为"金相学之父"。

在金相显微镜下,人们看到的是内部细节的各种形貌,但无法区别更微观层次的原子、分子排列的结构特征,这使得人们无法认识材料内部更多的细节和本质因素。因此,19世纪后期在分析"钢在淬火后硬化的原因究竟是什么?"时,引起了当时学界和工业界持续了半个世纪的大辩论,而最终使这场辩论尘埃落定的是伦琴发现的 X 射线。

➡➡**揭秘材料的内部结构**

有关物质组成的本质,从古至今一直是人类探求的目标。

我们现在已经知道,原子是物质最基本的组成单元。古典原子学说最早可追溯到古希腊时代,原子的英文单词"atom"也是从希腊语转化而来的,原意为"不可切分的"。

距今约 2 400 年前,古希腊的德谟克利特基于哲学思想提出了物质是由极小的被称为原子的微粒构成的,物质只能分割到原子为止。

经过 20 多个世纪,到了 17 世纪和 18 世纪,化学家发

材料科学的诞生

现对于某些物质，不能通过化学手段将其继续分解，由此证实了原子的真实存在。1789 年，法国科学家安托万-洛朗·德·拉瓦锡基于科学原理定义了原子一词，从此，原子就用来表示化学变化中最小的单位。19 世纪初，英国科学家约翰·道尔顿提出每种元素只包含一种原子，而不同的原子相互结合起来就形成了化合物。

自然界中绝大部分固体物质都是晶体材料，瑰丽多彩且具有规则多面体外形的矿物晶体很早就引起了人们的关注，人们对晶体一般规律的探索也是从研究晶体的外形开始的。

19 世纪初，人们通过对宏观晶体的测角工作，积累了大量天然矿物和人工晶体的精确观测数据。19 世纪中叶，欧洲的科学家推导出晶体外形对称元素的一切可能组合方式共有 32 种。人们又根据晶体外形的立方、六方、四方、菱方等对称特征将晶体划分为 7 个系列，即 7 个晶系。

晶体为什么具有规则的几何外形呢？研究者设想这是因为在晶体内部，构成晶体的微粒（分子、原子、离子等）是规则地排列的，晶体规则的几何外形是其内部微粒有规则排列的外部反映。1848 年，德国人奥古斯特·布拉菲在总结前人研究成果的基础上，以晶体内部基本点为单位，通过分析其在三维空间周期性重复排列的规律，确定了材料内部点阵排列规律的 14 种形式，被称为布拉菲点阵。直到现在它仍然是晶体学的重要基础内容。

经典晶体学在 19 世纪末已成为系统的学说，但还仅仅是一种假说，并未被科学实验所证实。它的抽象理论当时并未引起物理学家和化学家们的注意，还有不少人甚至认为晶体中的原子、分子是无规则分布的。

1895 年伦琴发现的 X 射线是科学史上一项伟大的发现，它不仅促成了现代物理理论的诞生，还为解开材料结构之谜提供了强有力的工具。

1911 年劳厄设想，X 射线是一种波长比可见光短的电磁波，如果 X 射线的波长与晶体内部原子的间距具有相同的数量级，用 X 射线照射金属就能观察到干涉现象。1912 年劳厄以五水合硫酸铜晶体（$CuSO_4 \cdot 5H_2O$）为光栅进行实验，从中得到了第一张 X 射线衍射图，实验结果证实了他的设想，澄清了 X 射线的本质属性，而且展现了劳厄在揭示材料微观结构方面的能力。爱因斯坦称该实验为最美丽的实验，劳厄也因此获得了 1914 年诺贝尔物理学奖。

材料科学的诞生

英国的布拉格父子在利用 X 射线衍射测定晶体结构方面做出了卓越的贡献。他们在做了与劳厄几乎相同的实验后，用更简洁的方式解释了 X 射线晶体衍射的形成，并提出了著名的布拉格方程。鉴于布拉格父子在晶体物理学上的重要贡献，1915 年布拉格父子二人同时获得了诺贝尔物理学奖，成为诺贝尔奖历史上的一段佳话。当时小布拉格才 25 岁，是最年轻的诺贝尔物理学奖获得者。

在 X 射线发现之前，人们对材料内部结构的认识基本是在假设的基础上，而 X 射线则使实际测试材料内部结构成为可能。这也成为经典晶体学和现代晶体学的分界线，经典晶体学建立了成熟的晶体学理论，而现代晶体学则实现了对材料各种晶体结构的直接测定。

➡➡锡疫与相变

锡是人类很早就认识了的金属，人类在公元前五六千年的时候已经会熔炼锡了，世界各地都有与锡器有关的记载。埃及金字塔中发现的约 2 500 年前的锡手镯和锡制朝圣瓶是世界上已知的最古老的锡制品。在日本、英国等国，锡制器皿深受贵族、皇室的喜爱。在中国古代，人们常在井底放上锡板来净化水质，皇宫里也常用锡制器皿来盛装御酒。

锡具有的独特光泽和易于加工的特性,自古以来就广受人们欢迎。常温下的锡叫白锡,其结构和性能稳定,但在低温下,锡制器皿会变成粉末状的灰锡,称为锡疫。

锡疫在亚里士多德时代就有记录,与锡疫相关的一个著名悲剧是 1912 年英国探险家斯科特的南极之行。斯科特探险队虽然成功到达了南极点,却没能平安归来,最后全军覆没,其中一个原因是他们在补给站准备的装在油桶里的煤油神秘地流光了,而这恰好发生在他们最需要燃料的时候。究其缘由,装煤油的铁桶是用锡焊接而成的,而锡却莫名其妙地化为了粉尘。

现在已经知道,发生锡疫的原因是金属锡的同素异构转变,也就是相变,即材料在成分完全相同的情况下,仅仅由于温度等外界条件的变化,就会发生内部晶体结构的变化。

锡在 13 ℃以上时是亮晶晶的具有体心立方结构的白锡(β 锡),密度为 7.3 克每立方厘米,可制作典雅的装饰品或表壳、酒壶、茶壶等。但是如果温度低于 13 ℃,锡就转变为金刚石面心立方结构的灰锡,密度为 5.8 克每立方厘米。由于体积增大了约 20%,故晶体发生了崩裂。

材料科学的诞生

这种相变需要有一定的驱动力才能进行，一般情况下，即使温度低于 13 ℃，但只要不是太低，这种相变发生的可能性也不会太大，所以实际应用中极少观察到锡疫现象。但如果温度很低，达到－40 ℃左右，晶体崩裂的变化就会很剧烈，白锡就变成了粉末状的灰锡（α 锡）。

相变在很多材料中，包括金属材料、陶瓷材料中都存在。人们对相变原理的认识和掌握，使人们真正弄清了材料具有复杂性能的原因。例如，钢在高温下锻打呈现柔软特性，这不仅仅是温度的影响，更重要的原因是钢在高温下的内部晶体结构是面心立方，而在常温下是体心立方，面心立方晶体结构的塑性变形能力更强。

钢高温加热后在水中快速淬火会变得非常强硬，而缓慢冷却后强硬性则低得多，这是千百年来人们熟知的现象。围绕钢在淬火后硬化的原因，曾经有过一场旷日持久的论战，其中一派认为缓慢冷却和快速淬火在性能上产生巨大差异的原因是形成了两种不同的内部晶体结构，而另一派则认为这是碳的作用。这个论战直到 X 射线衍射技术的出现才尘埃落定。现在已经清楚，钢高温加热后无论是快速淬火还是缓慢冷却，产生的新相都具有非常相近的晶体结构，钢在淬火后非常强硬的原因在于高温下钢中可以溶入较多的碳，而低温下溶碳量很少，快速淬火可以把较多的碳原子强制性过饱和地留在材料内部晶体中,从而产生很强的硬化效果。

材料的相变是最具有吸引力的特性,可以通过它来认识各种成分的材料在不同环境条件下的内部结构,推测其性能的基本特点,同时可以有依据地制订材料在熔炼、加工等过程中的工艺方案。这无论是在学术上,还是在工程应用上,都是非常有帮助的。

▶▶奠定材料科学的基础

➡➡材料科学的出现

早期人们制备材料,更多的是依靠经验的积累,可以说是一门手艺或技巧。19 世纪末期,工业化加速了钢铁冶金的发展,催生了大量的工艺和技术,这些技术是材料科学诞生的基础,因此材料科学本质上是实践性极强的。

率先工业化的欧美国家对钢铁有着大量的需求。自 1856 年英国人贝塞麦发明了转炉炼钢法后,欧美国家便开始了大规模钢铁生产,这就需要大量的钢铁冶金人才。

19 世纪后半叶,英国和美国的大学开设了矿冶系,侧重于炼钢、铸铁、冶炼工艺等方面的人才培养。1865 年美国麻省理工学院成立之初就开设了地质与采矿学科,后

材料科学的诞生

来经过发展逐渐衍生出冶金专业,之后从冶金专业中分化出金属材料专业。可以说冶金和金属材料就是材料科学的起源。

这个时候,冶金学已经比较健全了,拥有基本理论、方法和界限,但随着工程中日益不断地使用聚合物、陶瓷、玻璃和复合材料,材料研究的范围也在不断扩展、交融。

材料科学的形成是科学技术发展的结果:

• 固体物理、无机化学、有机化学、物理化学等学科的发展,以及人们对物质结构和物性的深入研究,推动了人们对材料本质的认识和了解。

• 人们在冶金、金属制备、陶瓷制备等领域对材料本身的研究大大加强,对材料的制备、结构和性能以及它们之间相互关系的研究也越来越深入。

• 金属材料、高分子材料与陶瓷材料的研究在当时已自成体系,它们之间存在着颇多相似之处,可以相互借鉴。

• 各类材料的研究设备和生产加工装置有很多相似之处,尽管有其专用性,但更多方面是通用的或相近的,比如显微镜、电子显微镜、力学性能测试设备、物理性能测试设备等。设备的通用不但节省了资金，更重要的是相互得到启发和借鉴，加速了材料的发展。

• 科学技术的发展要求不同类型的材料之间能相互代替，充分发挥各自的优越性，以达到物尽其用的目的。复合材料的发展将各种材料有机地融为一体。通过材料科学的研究，可以对各种类型的材料有更深入的了解。

英国著名材料学家、剑桥大学教授罗伯特·康在其所著的 *The Coming of Materials Science*（国内译本为《走进材料科学》）中认为，材料科学的诞生源于三个基础理论：原子和晶体学说、显微组织、相平衡。

罗伯特·康的这个提法是受到了剑桥大学本科学位最后的 Tripos 考试的启发。"Tripos"这个词来源于拉丁语，原意为"三脚桌""三脚凳"。学生接受 Tripos 考试时要坐在三脚凳上接受教师的提问，而通过考试要具备三个必要条件：丰富的知识、良好的判断力和强烈的幽默感。这被认为是人的一生中能够获得成功的三个必要条件。

这个提法有点像我们所说的"三足鼎立"，要满足三个基础条件，才能稳定支撑一个学科的诞生。

➡➡材料科学的发展

冶金和金属材料是材料科学的起源,对钢铁的大量需求和生产,促使研究人员利用化学、物理和工程学的分析思维来理解冶金和钢铁制备过程。

1957 年苏联成功发射了世界上第一颗人造地球卫星,这引起了美国的极大震动和危机感。美国认为其太空技术落后的原因是教育和科研体制的落后。1958 年美国国会通过了《国防教育法》,加强了对大学基础科学研究的资助,并实施了美国高等教育结构的改革。

人造地球卫星的成功发射,宇航材料的一系列重大突破,是发展材料科学的坚实基础。由此,欧美国家针对材料的研究和学科教育实施了大规模改革。美国国防部高级研究计划局资助了一大批高校科研项目,在国家层面上增强了材料科学的基础研究。20 世纪 50 年代开始,英国和美国原设置冶金系的大学逐步将系名更改为冶金与材料系或直接改为材料系。材料科学这一名词开始被人们广泛地采用。

世界上第一个成立材料科学系的是位于美国伊利诺伊州的西北大学,它整合了陶瓷、高分子科学和冶金等多个领域的学科。1958 年,一份题为《材料科学与工程的重要性》(*The Importance of Materials Science and Engineering*)的备忘录被提交到了西北大学校方,几个月后,西北大学的冶金系更名为材料科学系。几乎同时,美国总统科学顾问委员会委托各大学去努力建立一个新型的材料科学与工程系,并强调这需要政府的帮助。

西北大学的材料科学系以其新颖且学科宽泛的课程来教授材料相关专业的学生,这种做法很快遍及美国其他一些大学。到了 1969 年,美国大学冶金系的名称中约 30% 都包含了"材料科学"和"冶金"的组合。美国麻省理工学院也随着化工学科中陶瓷材料和高分子材料的并入,最终形成了材料科学与工程系。

英国剑桥大学在转向材料科学系时比较谨慎,先从"冶金系"变成"冶金与材料科学系",最后才改为"材料科学与冶金系"。牛津大学在改名时保持其一贯严谨的作风,使用复数词"materials"作为系名,将"冶金系"简单地变成了"材料系"(Department of Materials)。之后不少大学也仿效了这种做法。

20 世纪 80 年代以后,欧美国家的大学基本以"材料科学与工程系"命名,完成了从冶金系向材料系转变的历史进程。

除了大学中材料科学与工程学科的发展之外，企业的研究工作对材料科学的发展也起到了重要的推进作用。通用电气公司实验室在美国的产业研究历史中居于特殊地位，20世纪50年代，该实验室建立了一个包括冶金学、应用力学、化学和物理学的交叉学科队伍，管理者确信这些方面的研究将会使设计和合成新材料的能力得到大幅度提升，而这些新材料具有重要的技术应用价值。这一举措使冶金学从一种经验技艺变成了一个能够结合物理学和化学原理开展研究工作的活跃领域，由此吸引和联合了大批从事材料科学和材料工程研究工作的人们。

　　材料科学源于金属材料的发展，一旦建立，将对整个材料领域产生了巨大且深远的影响，这个趋势从图3可以清晰看出。

　　远古时代，人类使用的材料主要是石器、天然毛皮、植物纤维等，因此无机非金属材料和高分子材料占较大比例，金属使用得很少，主要还是靠自然获取或天外来物。随着文明的进步，人类掌握了冶炼技术，进入了青铜时代和铁器时代，金属材料的使用大大加快了人类文明的发展。到20世纪中叶，金属材料的使用达到顶峰，与此相关的学术和工程积累催生了材料科学。材料科学诞生之后，促进了各类材料的蓬勃发展。

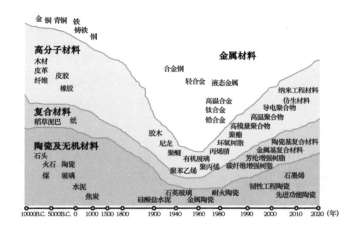

图 3　历史中材料的演变

➡➡中国高校材料学科的发展

19世纪末20世纪初成立的中国第一所现代大学北洋大学,设立了我国大学中的第一批学科:土木工程、矿冶、机械、律例。1920年,矿冶学科独立出来,开设了土木、采矿、冶金方向,开始了与材料相关的课程讲授。在这段时期,国内材料学科的教育主要是培养矿冶人才,满足开发材料资源的需求。

中华人民共和国成立后,我国参考苏联的大学教育在高校内设置专业,为了适合当时我国发展和建设的迫

材料科学的诞生

切需要，专业设置主要面向行业并结合学科。材料本身并不是一个行业，因此这一时期，我国将材料学科的人才培养分布在十几个专业内进行，分属冶金、机械、化工、建筑等行业。例如，金属材料学科被细分为冶金物理化学、金属材料及热处理、铸造、焊接、压力加工、粉末冶金等专业。

改革开放以后，我国借鉴欧美国家大学材料学科的发展经验，在国内高校成立了材料科学与工程系或材料工程系。1978年浙江大学成立的材料科学与工程学系是我国高校中最早的综合性材料系，现在大部分高校基本将材料系更名为材料科学与工程学院。

高校材料学院的主要起源：

· 从机械系发展而来：这往往是将原机械系的热加工部分（如金属热处理、铸造、压力加工等）整合出来独立建系。这是国内很多高校材料学院的起源。

· 从化工系发展而来：主要是无机非金属材料专业（包括原硅酸盐专业）、高分子材料专业。无机非金属材料专业与金属材料专业的知识基础相近，目前该专业大多设在材料学院中。高分子材料专业对化学基础要求较高，因此这方面实力较强的高校，或以此为主设立材料学院,或将其设在独立的高分子科学与工程学院,或仍将其保留在化工学院中。

- 从土木建筑系发展而来:这些高校主要是在无机非金属材料方面有优势,一般设有硅酸盐专业、建筑材料专业等,在此基础上设立材料学院。

- 从冶金系发展而来:部分高校的材料学院起源于冶金系。但因为冶金本身是一个行业,在知识体系上有所侧重,所以目前冶金实力较强的高校仍独立设置冶金学院。

- 从物理系、化学系发展而来:部分理科强的综合性大学,在材料物理、材料化学专业的基础上设立材料学院。

高校材料学院的设立加强了学科间的交叉与融合,目前国内大部分理工科高校中都设置了材料学院,其内涵也延伸到诸多领域。大部分材料学院从最初的纯工科逐步发展成理工兼备的学科,与物理、化学、力学、机械、能源、生物、电子、医学等学科有很多交叉。

由于材料学科的内涵越来越广,很少有高校的材料学院能够囊括与材料相关的所有学科,并且在所有领域都能领先,许多高校都重在发展自身的特色优势学科。

材料科学的诞生

材料的学习

> 知之者不如好之者，好之者不如乐之者。
>
> ——《论语·雍也》

材料是学术性、实践性和工程性很强的专业，与物理、化学、机械、生物、电子等专业有着密切的联系。进一步了解大学中的材料专业有哪些种类，材料专业是如何发展起来的，材料专业的内涵是什么，以及材料专业的学习要点有哪些，能使我们对这类专业有更全面、客观的认识。

▶▶材料的种类

➡➡金属材料

金属材料是指以金属元素为主构成的具有金属特性的材料。金属材料中原子之间的结合方式主要是金属键,金属键由自由电子及排列成晶格状的金属离子之间的静电吸引力组合而成。由于电子的自由运动,金属键没有固定的方向,大多数金属材料有光泽,具有良好的延展性,容易导电、传热等。

金属材料是人类较早发现并加以利用的一种材料,它紧密伴随着人类文明的发展。今天,金属材料广泛应用在国民经济各个行业。

金属材料可分为黑色金属和有色金属两种。黑色金属主要指钢铁材料及其合金。纯净的钢铁材料是银白色的,但钢铁表面氧化后通常覆盖一层黑色的 Fe_3O_4,因此称其为黑色金属。铬、锰是冶炼钢铁材料的重要原料,广义的黑色金属包括铬、锰及其合金。有色金属指除黑色金属以外的所有金属及其合金。有色金属可分为轻金属(如铝、镁)、重金属(如铜、铅、锡)、贵金属(如金、银、铂)、稀有金属(如钨、钼、锗、铀)和稀土金属(如镧、铈)等。

钢铁材料是最常用的金属材料,在全球范围内其产量能达到金属总产量的 95%,它在工业中的主导地位是难以被取代的。钢铁是基本的结构材料,被称为"工业的骨骼",是衡量国力的重要标志。

有色金属材料是重要的战略物资和生产资料,是关系国计民生的重要基础材料,在航空航天、汽车制造、电力、通信等行业发挥着关键作用。铝合金密度小,加工性能好,导电性、传热性及耐腐蚀性优良,是制造飞机的主要材料,在船舶、化工、交通运输、包装等领域也有广泛的应用。钛合金是 20 世纪 50 年代发展起来的一种重要的金属材料,它具有比铝合金更好的比强度和耐腐蚀性,是理想的航空航天和工程结构材料。钛合金还具有良好的生物相容性,也是人们青睐的生物医用材料。铜合金具有优良的导电性、抗磁性和耐腐蚀性,在电力输送、通信电缆、印刷电路、集成电路、船舶等行业中发挥着不可或缺的作用。

在特种功能材料中,金属材料也占据着重要地位。形状记忆合金是目前形状记忆性能最好的材料,它开启了智能材料的研究领域,可用于消防报警、大桥安全监控、建筑减震等方面;超级钢的开发及应用是国际钢铁领域中令人瞩目的研究热点,超级钢精细的内部结构使其具有其他钢材都不具有的超强的坚韧性,这是钢铁领域的一次重大革命,中国已实现超级钢的工业化,并且走在世界各国的前列;高温合金被誉为"空天基石",是航空发动机和燃气轮机的关键材料,被誉为现代工业"皇冠上的明珠材料"。

材料科学的形成和发展,促进了各类材料的开发和应用。金属材料具有其他材料不能取代的独特性质和使用性能,在其发展过程中不断推陈出新和提高制造技术水平,开发出新的功能,以适应更高的使用要求。

➡➡无机非金属材料

无机非金属材料是以某些元素的氧化物、碳化物、氮化物、卤素化合物、硼化物以及硅酸盐、铝酸盐、磷酸盐、硼酸盐等物质组成的材料,是除了金属材料和有机高分子材料以外的所有材料的统称。在国际上通常将无机非金属材料称为陶瓷材料。

无机非金属材料的品种和名目繁多,用途各异。古代人类制作的石器、陶器、瓷器采用的是无机非金属材料,4 000 多年前伊朗人做出的玻璃采用的是无机非金属材料,耐火材料、水泥、石灰、石膏等也是无机非金属材料。无机非金属材料通常分为传统无机非金属材料和先进无机非金属材料。

传统无机非金属材料包括陶瓷、玻璃、水泥、耐火材料等,这类无机非金属材料产量大、用途广,是工业和基本建设必需的基础材料。水泥是一种重要的建筑材料,耐火材料与钢铁工业、化工设备等高温装置密切相关,各种规格的平板玻璃、仪器玻璃、光学玻璃以及日用陶瓷、建筑陶瓷、化工陶瓷等与人们的生产、生活息息相关。其他产品，如磨料（碳化硅、氧化铝等）、铸石（辉绿岩、玄武岩等）以及搪瓷、碳素材料、石棉、云母、大理石等等也都属于传统的无机非金属材料。

传统无机非金属材料中，很大一部分的主要组成是硅酸盐类，如陶瓷、玻璃、水泥、耐火材料等，因此也称其为硅酸盐材料。其生产大多采用天然矿石作为原料，经过粉碎、配料、混合等工序，在高温下煅烧成多晶态（水泥、陶瓷等）或非晶态（玻璃、铸石等），再经过进一步的加工，如粉磨（水泥）、上釉彩饰（陶瓷）等工序，从而得到相应的制品。传统无机非金属材料的性能优点是耐高温、耐压强度高、硬度高、耐腐蚀，缺点是拉伸强度低、韧性差。

现代科技的发展对无机非金属材料提出了新的要求，需要在已有的高强度、高硬度、耐腐蚀性的基础上具有其他一些特殊性能和用途。从20世纪中叶开始，先进无机非金属材料得到了快速发展，这得益于材料科学的形成。目前发展的先进无机非金属材料有氧化物陶瓷、氮化物陶瓷、碳化物陶瓷以及特种玻璃、人工晶体、半导体、无机涂层、无机纤维等，它们是现代新技术产业、现代国防和生物医学领域中不可缺少的。先进无机非金属材料的原料多采用高纯、微细的人工粉料，在制备上采用精密控制的制造加工工艺进行烧结。先进结构陶瓷材料具有优良的力学性能、热学性能和化学性能，韧性也比传统陶瓷材料有明显的提高。功能陶瓷可利用电、磁、声、光、热等直接效应，或者利用其耦合功能，如压电、压磁、热电、声光、磁光等。

　　无机非金属材料的内部晶体结构比金属材料复杂得多，主要以离子键、共价键或其混合键结合，它们比金属键的结合性更强，因此这类材料具有高熔点、高硬度、耐腐蚀、耐磨损、高强度和抗氧化等特点。传统无机非金属材料具有良好的绝缘性，而先进无机非金属材料则具有良好的导电性、隔热性、透光性以及铁电性、铁磁性和压电性。未来科学技术的发展对各种无机非金属材料，尤其是对特种新型材料提出了更多、更高的要求，无机非金属材料和金属材料、高分子材料一样有着广阔的发展前景。

➡➡高分子材料

　　高分子材料也称为聚合物材料，它是以高分子化合物为基体，再配上其他添加剂（助剂）所构成的材料。高分子材料可以来源于天然产物，如天然纤维、天然树脂、天然橡胶、动物胶、蛋白质等；也可以用合成方法制得，如合成橡胶、合成树脂、合成纤维等。

依据高分子材料的性能和用途，可将其分为塑料、纤维、橡胶三大类，此外还有涂料、胶粘剂和离子交换树脂等。

塑料是在一定条件下具有流动性、可塑性，并能加工成型而最后保持加工时形状的高分子材料。塑料又分为热塑性塑料和热固性塑料两种。热塑性塑料在一定温度下具有可塑性，并且在一定条件下可以反复加工成型，如聚乙烯、聚氯乙烯、聚丙烯等。热固性塑料在一定温度及压力下加工成型时会发生变化，但若再次受压、受热，则不能反复加工成型，例如酚醛树脂、脲醛树脂等。热固性塑料具有较高的强度、使用温度和较好的尺寸稳定性，多用作工程塑料。

纤维是指长度比其直径大许多倍且具有一定柔韧性和强度的线条或丝状高分子材料。纤维分为天然纤维和化学纤维。天然纤维有棉花、麻类、蚕丝、动物毛等。化学纤维是将单体经聚合反应得到的树脂纺丝而成的，有涤纶（聚酯纤维）、腈纶（聚丙烯腈纤维）、丙纶（聚丙烯纤维）、锦纶（聚酰胺纤维，旧称为尼龙）等。其中锦纶的出现是化学纤维工业的重大突破,也是高分子化学发展的一个重要里程碑。1939年尼龙丝长袜的问世引起了轰动,它被视为珍奇之物而被消费者争相抢购,人们曾用"像蛛丝一样细,像钢丝一样强,像绢丝一样美"的词句来赞誉这种纤维。

橡胶是在室温下具有高弹性的高分子材料。在外力作用下,橡胶能产生很大的形变;外力去除后,它又能迅速恢复原状。天然橡胶主要来源于三叶橡胶树,这种橡胶树的表皮被割开后会流出乳白色的汁液,称为胶乳,胶乳经凝聚、洗涤、成型、干燥即得到天然橡胶。合成橡胶是由人工合成方法制得的,采用不同的原料(单体)可以合成出不同种类的橡胶。主要的橡胶品种有顺丁橡胶、异戊橡胶、氯丁橡胶、丁基橡胶等。

塑料、纤维和橡胶三大类聚合物之间并没有严格的界限。同一种高分子材料,采用不同的合成方法和成型工艺,可以制成塑料,也可以制成纤维,比如锦纶。而聚氨酯一类的高分子材料,在室温下既有玻璃态性质,又有很好的弹性,有时难以区分是橡胶还是塑料。

高分子材料的相对分子质量很大,可达几千乃至几百万,它们在结构上由许多简单的、相同的称为链节(单体)的结构单元,通过化学键重复连接而成。高分子材料的化学键强度与金属材料和无机非金属材料相比要弱很多,因此其强度、硬度都相对较低。高分子材料的特点是种类多,密度小(仅为钢铁的 $1/8 \sim 1/7$),比强度高,电绝缘性、耐腐蚀性好,加工容易,可满足多种特殊用途的要求,可部分取代金属材料和非金属材料。

高分子材料是当今世界发展非常迅速的产业之一,它已被广泛应用到电子信息、生物医药、航空航天、汽车、包装、建筑等各个领域。现代工程技术的发展对高分子材料提出了更高的要求,推动了高分子材料向高性能化、功能化和生物化方向发展。新型功能高分子材料,如感光高分子、导电高分子、光电转换高分子、医用高分子等,除具有高分子材料通常所具有的力学性能、绝缘性能和热性能外,还具有物质、能量和信息的光、电、磁、声、热等特性的转换、传递和储存等特殊功能。

➡➡复合材料

复合材料,顾名思义,是指由两种或两种以上不同材料以某种方式组合而成的材料。复合材料可以发挥各种材料的优点,克服单一材料的缺陷,从而扩大材料的应用范围。

人类使用复合材料的历史可以追溯到古代,做墙所用的掺稻草的黏土是复合材料,现代建筑中常用的钢筋混凝土也是复合材料。20世纪40年代,因航空工业的需要,发展了玻璃纤维增强塑料(俗称玻璃钢),自此正式出现了复合材料这一名称。现代的复合材料普遍运用先进的材料制备技术,将不同性质的材料优化组合成新材料。

不论哪种复合材料,一般都是由基体材料和增强材料两部分组成的。基体材料是复合材料中作为连续相的部分,它起到黏结复合材料各部分的作用。与增强材料黏结成整体,基体材料就可以传递外界作用力,均衡和分散载荷,保护增强材料免受外界环境的侵蚀。基体材料有金属、无机非金属、高分子材料(常用的是树脂)等。增强材料起承受应力和发挥功能(对于功能复合材料而言)的作用。此外,基体材料和增强材料之间的界面结合也是影响复合材料的性能和功能的重要因素。

金属基复合材料的基体材料有铝合金、镁合金、钛合金、镍合金、铜合金、铁合金等,还可以选择金属间化合物作为基体材料。金属基复合材料的增强材料可以选择氧化铝颗粒、碳纤维、硼纤维、碳化硅颗粒或晶须等。金属基复合材料比传统金属材料具有更高的比强度、比刚度和更好的耐磨性,比树脂基复合材料具有更好的导电性、导热性和高温性能，比陶瓷材料具有更好的韧性和抗冲击性能，热膨胀系数较小。

高分子基复合材料的基体材料有环氧树脂、酚醛树脂等各种热塑性聚合物，增强材料常选用玻璃纤维、碳纤维、有机纤维等。玻璃纤维具有很高的拉伸强度，耐腐蚀性好，而且防火、防霉、防蛀，电绝缘性能好。碳纤维也是重要的增强材料，与玻璃纤维相比，其刚度更高，耐腐蚀性更好。

现代复合材料不仅具有各组分材料性能上的优点，通过各组分性能的互补和关联，还可以获得单一组成材料所不能达到的综合性能。对现代复合材料的各组成部分进行结构设计，可以实现性能的良好匹配。纤维增强复合材料是将各种纤维增强体置于基体材料内复合而成的；夹层复合材料由性质不同的强度高的面材和材质轻、强度低的芯材组合而成，可设计为实心夹层和蜂窝夹层结构；颗粒复合材料是将硬质颗粒弥散并均匀分布在基体材料中的，达到强化材料、增强高温稳定性的作用。

在复合材料中，纤维增强材料的应用最广，用量最大。碳纤维增强的环氧树脂复合材料，其比强度和比模量均比钢和铝合金大数倍，还具有减摩耐磨、自润滑、电绝缘、抗疲劳等性能及优良的化学稳定性,在汽车、航空航天、无人机、电子等行业中有着广泛的应用。碳化硅纤维与陶瓷复合,使用温度可达 1 500 ℃,比高温合金涡轮叶片的使用温度高得多。

复合材料对现代科学技术的发展起着十分重要的作用。复合材料的研究深度和应用广度以及生产发展的速度和规模,已成为衡量一个国家科学技术先进水平的重要标志之一。

▶▶ 与材料相关的专业

➡➡ 专业演变

中华人民共和国成立后,为了适应国家发展和建设的迫切需要,我国参考苏联的大学教育,在高校内设置专业,专业成为大学培养高级专门人才的基本单位,而专业设置则主要依据行业需求。

1954 年,我国参考苏联高校专业目录制定的《高等学校专业目录分类设置(草案)》问世,整个目录以 11 个行业部门来进行专业门类的划分,共分为 40 个专业类,257个专业,这个时期尚没有考虑专业设置的学科基础性问题。

1963 年，国务院批准发布了《高等学校通用专业目录》和《高等学校绝密和机密专业目录》，这是中华人民共和国成立后第一个正式由国家统一制定的高等学校专业目录，此次专业目录中的专业门类摒弃了 1954 年《高等学校专业目录分类设置（草案）》中的纯行业部门分类法，采用了学科与行业部门相结合的专业门类划分方法，为以后制定专业目录奠定了基础。

改革开放以来，国内又进行了数次大规模的学科目录和专业设置调整工作，进一步整理和规范了专业名称和专业内涵，形成了体系完整、统一规范、科学合理的本科专业目录。

1998 年颁布并实施的修订目录是随着知识经济时代的来临及中国由计划经济向市场经济转变的进程加快，为适应社会对人才的需求开始向多规格、多层次方向转变而进行的，被认为是调整幅度最大的一次修订。在这之前，大学本科教育注重专业对口，而此次专业目录的修订则按照科学、规范、拓宽的原则进行，改变了过去过分强调专业对口的教育观念和模式。此次修订按照学科划分并设置专业，确立了较为明晰的学科体系，对学科结构的科学化、专业结构的合理化以及人才培养模式的调整均具有重要的价值，奠定了目前大学本科专业的基础。

我国迄今为止最新的本科专业目录是 2020 年教育部发布的《普通高等学校本科专业目录（2020 年版）》，该专业目录是在《普通高等学校本科专业目录（2012 年）》的基础上，增补了近几年批准增设的目录外新专业而形成的。在 2020 年的专业目录中，教育部将本科专业划分为基本专业、特设专业和国家控制布点专业三种。基本专业是学科基础比较成熟、社会需求相对稳定、开办高校数量相对较多、继承性较好的专业；特设专业主要是为满足经济社会发展的特殊需求而设置的专业，在专业代码中含字母"T"；国家控制布点专业主要是那些涉及国家安全、特殊行业的专业，有些则是开设高校太多，供大于求，因此需控制招生规模的专业，在专业代码中含字母"K"。2021 年根据需要，又增设了 37 个特设专业和国家控制布点专业。

在 1998 年的本科专业目录中，对于工科材料类专业，依据材料类别和学科特点，将原有与材料、材料制备、材料冶金相关的十几个专业调整为四个专业，即金属材料工程专业、无机非金属材料工程专业、高分子材料与工程专业、冶金工程专业。

其中金属材料工程专业由金属材料与热处理（部分）、金属压力加工、粉末冶金、复合材料（部分）、腐蚀与防护、铸造（部分）、塑性成型工艺及设备（部分）和焊接工艺及设备（部分）八个专业合并而来。无机非金属材料工程专业由无机非金属材料、硅酸盐工程和复合材料（部分）专业合并而来。高分子材料与工程专业则是合并了之前分散的与高分子材料相关的工科专业，同时将理科的高分子专业并入材料化学专业或化学专业，将高分子化工专业并入化学工程专业，使高分子材料类专业的办学口径拓宽到二级学科。冶金工程专业由钢铁冶金、有色金属冶金、冶金物理化学和冶金四个专业合并而来。

在 1998 年的这次修订中，首次设置了材料科学与工程专业，其初衷是在材料科学与工程大学科的趋势下，打破传统按照材料类别进行人才培养的模式，施行大材料教育。材料科学与工程专业在 1998 年被放在《工科本科引导性专业目录》中，到了 2012 年，材料科学与工程专业正式出现在《普通高等学校本科专业目录（2012 年）》中。

很多大学设有材料成型与控制专业，但这个专业在教育部发布的《普通高等学校本科专业目录（2020 年版）》

中被列在机械类专业中,而没有被列入材料类专业。这与20世纪80年代初国内在开始建立材料学科的过程中,一部分原属于机械系的热加工类专业转入材料学科,而一部分仍保留在机械学科有关。材料成型与控制专业由金属材料与热处理(部分)、热加工工艺及设备、铸造(部分)、塑性成型工艺及设备和焊接工艺及设备(部分)专业合并而来。

除上述专业外,一些高校根据自身学科和专业特色设置了目录外专业,如复合材料与工程、焊接技术与工程、宝石及材料工艺学等专业。在之后的专业目录修订中,复合材料与工程专业被调整为目录内专业,其他专业被调整为特设专业。

与材料密切相关的材料物理、材料化学两个专业,在1998年的本科专业目录中属于理科专业,被列入材料科学类。在2020年的本科专业目录中,它们均被列入材料类,可授工学或理学学士学位。

➡ ➡ 专业目录

表1中列出了《普通高等学校本科专业目录(2020年版)》中与材料相关的本科专业及国内高校开设的基本情况。

材料的学习

表 1　与材料相关的本科专业及国内高校开设的基本情况

专业类	专业名称	专业代码	开设高校数量
材料类	材料科学与工程	080401	201
	材料物理*	080402	76
	材料化学*	080403	130
	冶金工程	080404	45
	金属材料工程	080405	81
	无机非金属材料工程	080406	81
	高分子材料与工程	080407	188
	复合材料与工程	080408	44
	粉体材料科学与工程	080409T	8
	宝石及材料工艺学	080410T	23
	焊接技术与工程	080411T	49
	功能材料	080412T	36
	纳米材料与技术	080413T	10
	新能源材料与器件	080414T	49
	材料设计科学与工程	080415T	1
	复合材料成型工程	080416T	1
	智能材料与结构	080417T	2
机械类	材料成型及控制工程	080203	280
纺织类	非织造材料与工程	081603T	15

注:标"＊"的专业可授工学或理学学士学位。

在这个目录中，与材料相关的专业共有 19 个，其中绝大部分专业归属在材料类中(17 个)；纺织类的非织造材料与工程专业是近年新设的特设专业，开设学校还很少；材料成型及控制工程专业尽管划分在机械类里，但很多高校的这个专业都开设在材料学院,学生毕业后也主要从事与材料相关的工作。

与材料相关的专业需要有较强的物理和化学基础,是实践性和应用性很强的专业。尽管所有材料专业对物理、化学基础都有要求,但侧重点还是不同的。需要化学基础较强的专业主要是高分子材料与工程以及与此相关的专业,这些专业在历史上也是从化学和化工类专业中形成或分离出来的。与金属材料和无机非金属材料相关的专业都需要有较强的物理基础,不同之处在于金属材料的内部结构和无机非金属材料相比有较大的差异,因此在基础知识的学习上各有所侧重。与金属材料相关的专业有材料类的金属材料工程、焊接技术与工程以及机械类的材料成型及控制工程专业,与无机非金属材料相关的专业有无机非金属材料工程和宝石及材料工艺学专业。

冶金工程专业由钢铁冶金、有色金属冶金、冶金物理化学和冶金四个专业合并而来,对物理、化学都有较高的要求,学生毕业后能够从事冶金产品的开发、制造工艺的设计和管理等工作,并能用所学知识解决冶金过程中的各类技术问题。

材料科学与工程专业是 1998 年首次设置的，其初衷是打破传统按照材料类别（按金属材料、无机非金属材料、高分子材料等）进行培养的模式，施行大材料教育，因此在 1998 年，这个专业被放在《工科本科引导性专业目录》中。在 2012 年以后发布的专业目录中，材料科学与工程专业作为基本专业，与金属材料工程、无机非金属材料工程专业等并列出现。目前国内很多高校都设置了材料科学与工程专业，但其内涵不尽相同，有的侧重金属材料，有的侧重无机非金属材料，而有的则侧重高分子材料，这主要取决于各高校的优势学科和研究领域。

尽管基本专业已经可以涵盖所有材料类的专业，但为了突出高校办学特色及适应人才培养的特殊需求，在专业目录中又设置了一些特设专业。基本专业和特设专业在管理方式上有所区别，基本专业每 5 年调整一次，相对稳定；特设专业处于动态，每年都需要向社会公布。如果特设专业发展成熟，就会成为基本专业；如果办不下去，则将退出特设专业名单。

与材料相关的专业既属于比较传统的工科专业，与制造业的发展息息相关，同时又是新技术、新产业发展的热点领域。在专业培养目标上，大多会提到学生毕业后能够从事材料科学与工程的基础研究工作,或从事新材料、新工艺和新技术研发工作,或从事与材料相关的生产技术开发、过程控制、科技管理和经营工作等。各专业之间不存在明显的分界线,特别是在研究型高校中,材料专业的名称和其实际的研究方向以及学生毕业后的去向没有特别紧密的联系。例如金属材料专业的学生毕业后在陶瓷材料、高分子材料、纳米材料等方面有建树并且当选为院士、长江学者及获得国家杰出青年科学基金的不在少数。

我国已建成了门类较齐全的材料研发和生产体系,拥有较大的材料生产规模,有上百种重要材料的产量连续多年位居世界前列,与材料相关的科技论文和发明专利数也位居世界前列。但我们也需要正视,我国很多先进高端材料的技术水平与发达国家相比还有很大差距,正如一位院士所言,我国要成为制造强国,首先要成为材料强国,否则所有高科技产品都将成为空中楼阁。

➡➡**本科与研究生教育**

研究生教育是学生本科毕业之后继续进行深造和学习的一种教育形式。改革开放之后,我国的高等教育有了很大发展,本、专科生年招生人数从 20 世纪 80 年代的近 30 万到 2020 年的 900 多万,录取率从近 10% 到 90%以上;研究生年招生人数从 20 世纪 80 年代初的 2 万多到2020 年的 100 多万,高等教育已从精英教育转变为大众化教育。

目前高校本科阶段的教育是通识教育和专业教育的结合,在专业领域方向上是基础知识的积累,并获得初步的专业训练。而研究生阶段则强调的是在专业技术领域内的专业性教育,各大高校主要采取的是导师负责制,学生一般会直接参与导师的专业前沿和深层次问题的解决,相应地对专业知识和专业能力的要求要高很多。因此,本科阶段的教育主要以专业进行划分,侧重素质教育;而研究生阶段的教育主要以学科进行划分,侧重学科和专业教育。

研究生的学科和专业设置是依据国务院学位委员会和教育部印发的《学位授予和人才培养学科目录(2011年)》进行的。在 2018 年更新的目录中,有 13 个学科门类(如哲学、文学、理学、工学、医学等),在工学中有 39 个一级学科,一级学科下面设有若干个二级学科。

与材料相关的研究生一级学科和二级学科见表 2。

表 2　与材料相关的研究生一级学科和二级学科

一级学科	二级学科	学科编号
材料科学与工程	材料物理与化学	080501
	材料学	080502
	材料加工工程	080503
冶金工程	冶金物理化学	080601
	钢铁冶金	080602
	有色金属冶金	080603

　　表 2 中的材料科学与工程是一级学科,相当于本科专业目录中的材料类。由此能更好地理解 1998 年设置材料科学与工程这一本科专业的目的。

　　表 1 中的材料成型及控制工程专业与表 2 中的材料加工工程二级学科有很好的对应关系,而机械工程的一级学科中没有与材料加工相关的二级学科,因此材料成型及控制工程专业的本科毕业生在继续深造中绝大多数选择了材料一级学科的研究生教育。

　　在本科专业目录(表 1)中,冶金工程专业被列入材料类专业中,而在研究生学科目录(表 2)中则设置了冶金工程一级学科,与材料科学与工程一级学科并列,由此可以看出冶金专业和材料专业的区别与密切联系。

　　本科专业名称与研究生二级学科名称之间没有严格的对应关系。比如有的高校本科专业中可能只有金属材料工程或材料成型及控制工程,但研究方向却比较宽泛,涉及电子材料、生物材料、功能材料等,因此研究生二级学科中可能有材料物理与化学、材料学、材料加工工程以及自主设置的学科名称。二级学科主要是根据高校自身研究方向的特点而设定的。

什么是自主设置学科呢？如果某学校获得了一级学科硕士学位授予权,则该学科下所有的二级学科不必再经过教育部审批,可直接获得硕士学位授予权,只要在学位管理部门备案即可。

在博士学位授权一级学科范围内自主设置学科和专业是我国研究生教育事业发展中的一项重要改革措施。例如,在材料科学与工程一级学科范围内设有高分子材料、高分子材料科学与工程、生物医学工程、材料表面工程、材料无损检测与评价、材料连接技术等学科和专业。

▶▶材料类专业学习的内容

➡➡专业关注对象

材料与人们生活息息相关,社会经济的各方面都离不开对材料的使用。材料类专业绝大部分属于工科范畴,那么它关注的是什么呢？从工程和应用的目的而言,就是为相关行业提供满足性能要求的材料;从专业的角度而言,则需要知道采用什么方法和工艺能够制备出所需要的材料和零部件,需要明白材料具有怎样的内部微观结构和组织才可以达到性能要求,需要清楚通过怎样的测试和分析手段能够确认制备的材料和零部件满足了性能要求。这些因素之间是紧密相关的,因此我们常常说:材料专业研究的是材料的微观组织结构、加工制备工艺和使役性能三者之间的关系。

研究与发展材料的目的在于应用,那么各行各业在使用材料时最关注的是什么呢? 当然是性能。应用场合不同,对材料的性能有不同的要求。例如:对于工程结构材料,要求具有一定的强度、硬度、刚度、塑性、韧性、抗疲劳性、耐腐蚀性等;对于航空飞行器的材料,要求材质轻、强度高、刚度好,并且要有优良的耐高低温性能、耐老化性和耐腐蚀性以及可靠的安全寿命;对于电工电子行业的材料,则需要根据具体情况提出要求,或者是良好的绝缘性能,或者是导电性能,或者是磁性能,或者是压电性、铁电性、电磁屏蔽性能等。

在材料应用的实践中人们认识到,材料在使用中呈现出的使役性能受到其固有性能的限制。钢铁材料和陶瓷材料的强度比高分子材料高得多,这是因为钢铁材料和陶瓷材料的结合键决定了它们的固有强度更高。同样是钢铁材料，添加适量的合金元素，采用不同的制备工艺，其性能会产生很大的差异。因此，经典的阐述材料学科特点的方法采用的是四要素之间的关系，即材料学科是研究材料的微观结构、制备工艺、固有性能和使役行为四者之间相互关系和变化规律的应用基础学科。这个关系可以用图4表示。

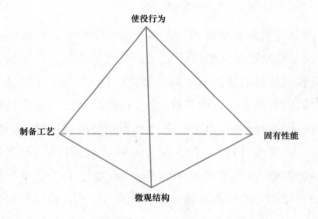

图 4　材料科学与工程四要素

　　材料的内部微观结构决定了其宏观性能，而要达到所需要的微观结构和性能，必须通过合理的工艺流程制备出有实用价值的材料。在传统材料开发中，主要采用提出假设—实验验证的方法来分析材料的成分配比、工艺、内部组

织结构、性能之间的关系,不断逼近目标材料的性能。按照
传统方法,一种新材料从研发到应用需要 10～20 年,满足
不了现代工业的快速发展对新材料提出的更多、更高的要
求。为了缩短研发周期和研发成本,基于材料理论和计算
机技术的材料制备设计应运而生,其目的是建立成分配比、
工艺、内部组织结构、性能之间的内在联系,设计符合要求
的微结构,提出达到目标性能的材料成分与工艺优化方案。
这就是近十年全球启动的材料基因组计划。

　　获得国家最高科学技术奖的材料科学家师昌绪将材
料成分与材料内部结构列为同样重要的变量,同时将材
料理论与制备设计列为材料科学与工程的要素之一,从
而提出了材料科学与工程六要素,如图 5 所示。

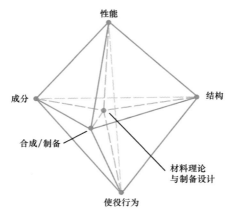

图 5　材料科学与工程六要素

由前述可知,材料的内涵非常丰富,既有厚重的历史沉淀,又是新技术、新产业的前驱和应用者。不同专业、不同高校在教学和研究过程中有不同的侧重点。如果偏重探究材料的微观结构和宏观性能之间的关系,需要有深厚的知识基础、检测分析能力和思维能力,可以开展非常前沿的学术研究工作。而在将学术研究成果变成实用的工程材料的过程中,材料的制备工艺、检测分析技术等发挥着重要的作用。因此,材料是一个学术性和实用性都很强的专业,其发展的前景非常广阔。

➡ ➡ 专业工程教育

我国高等教育发展迅速,已经从以前的精英教育转变为大众化教育。进入 21 世纪之后,大学教育的模式有了进一步的发展和变化。对于工科专业,始于 2005 年的工程教育专业认证对现有的大学工科教育产生了巨大且深远的影响。

工程教育专业认证简单来说就是使我国工程教育的质量在国际上得到认可,这是实现工程教育国际互认和工程师资格国际互认的重要基础。从 2005 年起,我国开始开展工程教育专业认证试点工作。2013 年,在韩国首尔召开的国际工程联盟大会上,我国成为《华盛顿协议》(国际本科工程学位互认协议)组织预备成员,2016 年通过考核后成为正式成员。

工程教育专业认证强调以学生为中心,围绕培养目标和全体学生毕业要求的达成进行资源配置和教学安排,强调专业教学设计和教学实施以学生接受教育后所取得的学习成果为导向,并强调专业必须建立有效的质量监控和持续改进机制,以持续跟踪改进效果,推动专业人才培养质量不断提升。

2018 年教育部发布了《普通高等学校本科专业类教学质量国家标准》,这是我国首个高等教育教学质量国家标准。

在这个标准中,提出的材料类专业的培养目标:培养具有坚实的自然科学基础、材料科学与工程专业基础和人文社会科学基础,具有较强的工程意识、较高的工程素质以及实践能力、自我获取知识的能力、创新能力、创业精神、国际视野、沟通和组织管理能力的高素质人才。

在大学学习什么主要看课程的设置情况,其目的是达成所设定的培养目标。大学的知识体系大致可分为通识类知识、学科基础知识和专业知识。

通识类知识的传授是为了进行非专业、非职业性教育。通识类课程是面向所有大学生,在全校范围内开设的课程,为培养学生的非专业能力和素质服务,落实德智体美劳"五育"的课程体系,使学生具有坚实的自然科学基础和人文社会科学基础。

• 人文社会科学类知识包括哲学、思想道德、政治学、法学、社会学、语言、体育、美育等知识。

• 工具类知识包括外语、计算机及信息技术、文献检索、科技方法等知识。

• 经济管理和环境保护知识包括金融、财务、人力资源和行政管理、环境科学等知识。

• 自然科学类知识包括数学、物理学、化学等知识。

这部分非专业、非职业性教育课程的学时占总学时的 40％以上,其中自然科学类课程的学时占总学时的 20％～25％,人文社会科学类等其他通识类课程的学时占总学时的 20％左右,部分高校可达到 25％左右。

学科基础知识即专业类基础知识,也可以理解为所有材料专业需要学习的知识。这类知识的一部分包含在工程基础类课程中,即这些课程是非材料专业的但又与材料学科密切相关,如力学、物理学、化学、工程制图、机械设计及制造基础、电工电子学等;另一部分则是材料专业学生需要掌握的专业基础知识。

专业知识在与具体专业有密切关系且针对性较强的

课程中讲述,这些课程包括理论课程和实践课程。材料类专业是实践性很强的专业,需要有独立设置的课程实验、课程设计、实习、科技创新、社会实践、毕业设计(论文)等多种形式的教学环节,以取得工程经验,了解本行业状况。实习、实践类课程的学时占总学时的 20% ～ 25%,这其中包括自然科学类和工程基础类课程的实践环节,如物理实验、化学实验、工程制图、电工电子实验、工程训练等。

➡➡ 专业课程学习

和材料专业相关的教育主要是通过专业基础课、专业核心课、专业实践课的讲授来完成的,这几个环节一般占总学分的 35% 以上。

前文谈到的材料类专业所要学习的内容,简单而言就是探究材料的微观组织结构、加工制备工艺和使役性能三者之间的关系,因此专业课程的学习也要围绕这一主题。

• 材料的内部微观结构特征是什么?原子、分子在材料内部是怎样结合的?其基本性能特点是什么?相关的课程如材料科学基础等。

• 材料在环境变化时有怎样的状态或组成相的变化?合金元素的加入对这种变化有什么影响?相关的课程如材料相变、工程材料学等。

•如何分析并检测材料的内部微观结构和组成状态？相关的课程如材料分析测试技术等。

•如何检测材料的性能特征？相关的课程如材料性能表征等。

•材料的微观结构是如何影响其宏观性能的？相关的课程如材料科学基础、材料性能表征等。

•材料的制备方法有哪些？如何制订工艺路线以获得所需的性能？相关的课程如材料工程基础、材料热处理、材料制备技术等。

以上问题材料类专业都会有相关课程涉及，同时又会根据专业特点在具体内容上有所侧重。例如，同样是学习材料内部的微观结构，金属材料专业是在单质元素结构的基础上学习合金元素和化合物的作用规律，无机非金属材料专业的学习对象是复杂化合物的结构，而高分子材料专业则会涉及分子之间的链结构和聚集结构。

专业课程设置应根据专业的特点和要求有针对性地安排，同样的专业在不同的高校中有统一的要求，也有各自的特色课程。表3列出的课程设置参照的是《普通高等学校本科专业类教学质量国家标准》对材料基本专业的一般要求，各专业的特点和区别可从中略窥一斑。其他特设专业则是在表3中各专业课程内容的基础上，根据需要做适当调整而设置成的。

表3　对材料基本专业课程设置的一般要求

专业类	专业名称	课程基本要求
材料类	材料科学与工程	材料科学基础、材料工程基础、材料性能表征、材料结构表征、材料制备技术、材料加工成型等知识领域
	材料物理	材料科学与工程导论、固体物理、材料物理性能、材料结构与性能表征、材料制备原理与技术、功能材料等知识领域
	材料化学	材料化学、材料合成与制备技术、材料分析测试方法、无机化学、分析化学、有机化学、结晶化学、固体化学等知识领域
	冶金工程	物理化学、金属学及热处理、冶金原理(钢铁冶金原理、有色冶金原理)或冶金物理化学、冶金传输原理、反应工程学或化工原理、冶金实验研究方法、钢铁冶金学、有色冶金学等知识领域
	金属材料工程	物理化学、材料科学基础、材料工程基础、材料性能表征、金属材料及热处理、材料结构表征、材料制备技术、材料加工成型等知识领域
	无机非金属材料工程	材料科学基础、材料工程基础、材料研究方法与测试技术、无机材料性能、无机非金属材料工艺学、无机非金属材料生产设备等知识领域
	高分子材料与工程	高分子物理、高分子化学、材料科学与工程基础、聚合物表征与测试、聚合物反应原理、聚合物成型加工基础、高分子材料和高分子材料加工技术等知识领域
	复合材料与工程	物理化学、高分子化学、高分子物理、材料研究与测试方法、复合材料聚合物基体、材料复合原理、复合材料成型工艺与设备、复合材料力学、复合材料结构设计等知识领域
机械类	材料成型及控制工程	材料成型原理、传输原理、金属材料及热处理、检测与控制工程基础、材料成型工艺学、材料成型设备、材料成型模具设计等

材料是实践性和工程性很强的专业,在大学专业学

材料的学习

习过程中,制备金相试样和分析、测试技能是材料专业学生需要掌握的基本能力。制备金相试样需要准确地观察并分析材料的微观结构形貌,学会利用电子显微镜观察和分析材料的精细结构,学习利用力学性能、物理性能测试设备检测材料的性能特征,学习利用加工设备设计成分、制备材料,学习改善材料性能的方法和途径。

通过各环节的学习和训练,毕业生可从事材料科学与工程基础理论研究,新材料、新工艺和新技术研发,生产技术开发和过程控制,以及材料应用等材料科学与工程领域的科技工作,也可承担相关专业领域的教学、科技管理和经营工作。

材料与社会

科学的真正的与合理的目的在于造福于人类生活。

——培根

人类的历史可以说是材料利用的历史,每一种重要材料的发现、发明和利用,都将人类改造自然的能力提高到一个新的水平,给社会和生活带来了重大的变革。学习材料能做什么?既可以进行令人振奋的新材料发明,又可以脚踏实地地解决具体问题。让我们从一个个鲜活的案例中一窥材料与社会的密切关系,以及材料对社会发展的重要作用。

▶▶发明材料

➡➡不锈钢

不锈钢板有着靓丽的外观以及优良的耐腐蚀、耐磨损特性,它已经广泛进入我们的日常生活,各种厨房用具、家电产品等,无不给人以华美、清新的感觉。

不锈钢的发现源于第一次世界大战期间,是一项无心插柳的收获。当时英国军队士兵使用的枪械很容易磨损,修理起来十分麻烦,扔掉又太浪费,英国著名的金属专家哈里·布诺雷受托研制一种耐磨、耐热的钢材。布诺雷接受任务后,和助手们选用多种元素,配制了各种成分,并将其加入钢铁里熔炼,测试它们的各种性能。合金钢的冶炼、合成是一项艰苦的工作,随着研究的不断进行,实验室里堆积了大量用过的材料。经过很长一段时间后,布诺雷在整理实验废弃样品时,发现绝大多数样品都已经锈迹斑斑,但有几块试样却仍旧闪闪发光。要知道,钢是非常容易生锈的,特别是在潮湿的环境中,难道有不会生锈的钢吗?

布诺雷把这几块试样分别放入酸、碱、盐溶液中做实验,发现这种合金不怕酸、碱、盐,耐腐蚀能力特别强。就这样,具有划时代意义的不锈钢被意外发明出来了。1915年,这一发明在美国取得了专利,1916年又获得了英国专利。

起初,这种钢被命名为"rustless steel"(直译是"不生

96

锈的钢"），后来布诺雷的合伙人感觉这个名字有点粗俗，于是就给改成了"stainless steel"（直译是"不被玷污的钢"），以突显其与生俱来的高雅，这一称呼一直沿用至今。而中文的翻译"不锈钢"则更为简洁，让人一看即懂。

根据实验记录，这是一种含铬量为12.8%、含碳量为0.24%的合金，因为它的硬度不够，耐磨性不好，所以不能做枪管。这种钢有什么用呢？布诺雷找到了在刀具公司任总经理的老同学，想看看自己的新发明能不能用来做刀具。几个星期后，刀具的硬化工艺得以解决，布诺雷和刀具公司合伙创办了生产不锈钢餐具的工厂，不锈钢的商业化应用时代到来了。

不锈钢为什么会有这么优良的耐腐蚀性呢？这主要归功于其中的合金元素铬。普通的钢在潮湿的空气中，其表面会形成红褐色的氧化物，即俗称的铁锈，这种氧化物结构疏松，不能阻挡腐蚀性物质在钢中的侵蚀。在钢中加入铬会优先形成氧化铬，氧化铬比氧化铁更加致密，因此耐腐蚀性会更好。后期研究还发现，当钢中加入的铬元素达到合金总原子数的1/8或其整数倍时，材料的耐腐蚀性呈现阶梯式突变，因为此时钢的表面会形成一层完整的氧化铬，这层氧化铬不会跟水和空气继续反应，当表层被刮擦后，新的氧化铬又迅速生成，保护钢的基体

材料与社会

不被进一步侵蚀。这层氧化膜非常薄，所以不会影响金属表面的光滑和光泽。

由于不锈钢制品始终光亮如新，深受人们欢迎，故很快就传遍了全世界，布诺雷也因此而被尊称为"不锈钢之父"。不锈钢被认为是 20 世纪改变人类文明进程的一项重大科学发现。

➡➡ 导电塑料

塑料在很长一段时间内被认为是不导电的绝缘体，例如用来制作电线外套以防止短路和漏电的材料就是塑料。塑料为什么不导电呢？传统的观点认为金属因含有大量的自由电子而能够导电，而塑料里没有这样可以自由运动的电子。

然而，20 世纪 70 年代日本科学家白川英树和美国科学家艾伦·G. 马克迪尔米德、艾伦·黑格的一项发明得到了可以与金属相媲美的导电塑料，打破了人们的常规认识。这三位科学家也因此获得了 2000 年诺贝尔化学奖。

导电塑料的发明是一个偶然和曲折的过程。我们先从聚乙炔这种聚合物谈起。

聚乙炔是 20 世纪 50 年代末被发现的一种高分子材料,它是碳元素之间通过 C—C 和 C=C 交替组成主链结构的线型高分子,其中具有的共轭结构为电子的自由迁移提供了条件。这种电子的存在,使得聚乙炔在一定程度上能够导电,即具有半导体的特性。

那个时代聚合物半导体的研究是热点之一,因此如何合成聚乙炔也自然受到了关注。但是当时得到的聚乙炔大多是粉末状,不溶、难熔且不稳定,难以对其性能和应用进行深入研究,因此很长一段时间内,聚乙炔的研究并没有取得多少进展。

1967 年,东京工业大学博士毕业的白川英树开展了对聚乙炔合成机理的研究。要弄清聚乙炔的合成机理,就要知道它的化学结构。为此,需要把聚乙炔调制成薄膜,再对其进行测定红外线吸收光谱等方面的数据分析,推测它的化学结构。

一个偶然的机会,白川英树的一位学生在做实验时,误将高于正常用量 1 000 倍的催化剂加入了反应体系中,结果没能得到正常的粉末状聚乙炔,而得到了一种膜状物。白川英树并没有责备学生的失误,而是以此作为切入点,最终发现了利用高浓度改性催化剂制备具有金属光泽的膜状聚乙炔的方法。

　　白川英树当时制备的这种聚乙炔薄膜尽管在光照下呈现金属光泽，但还不是导电体，只是一种半导体。他于1971年发表了关于聚乙炔合成机理的论文，1974年又发表了题为《聚乙炔膜的制法》的论文，但是都没有引起什么反响。

　　导电塑料的研究得以突破是在1976年，美国宾夕法尼亚大学的教授艾伦·G.马克迪尔米德在东京的一次学术访问期间做报告时与白川英树偶遇。马克迪尔米德当时在从事导电无机聚合物的研究，在报告中展示了他制得的无机聚合物的金黄色晶体和薄膜，白川英树则在会议休息时向马克迪尔米德展示了自己制得的银白色聚乙炔薄膜。两位素不相识的化学家都被对方的样品所吸引，马克迪尔米德立即邀请白川英树去美国宾夕法尼亚大学进行合作研究。

　　白川英树到了美国后，先是制备了聚乙炔纯样品，但导电效果并不好。他随后进行了多次掺杂实验，1976年11月23日，在试着添加碘之后，聚乙炔的导电率急剧升高，"不是升高10倍、100倍，而是升高到了1万倍、100万倍、1000万倍。我非常兴奋。"白川英树多年后仍然清楚地记得那天的情形。那一天便是导电塑料诞生的纪念日。

导电塑料的发明开创了材料研究的一个重要领域，塑料的质量远远小于金属，成型比较简单，也容易增加功能，由此产生了很多有价值的应用。比如现在使用的免受电磁辐射的电脑屏保，所用的材料就是导电塑料；建筑上遮挡烈日照射的智能窗户也是基于导电塑料研制而成的。

➡➡蓝光 LED

LED（发光二极管）是在 21 世纪才广泛走入我们的生活的，现在小到智能手表和家中照明，大到舞台布景和户外广告屏，都可以看到它的身影。

众所周知，要产生白色光源，必须具有红、蓝、绿色光。20 世纪 60 年代 LED 问世，不久就制备出了红光和绿光 LED。20 世纪 70 年代末期，LED 已经出现了红、橙、黄、绿等颜色，并被用作机器、仪表的显示光源，但唯一没有蓝光 LED。要把 LED 用于照明，必须制备出能实用化的蓝光 LED。

要制备蓝光 LED，需要有合适的半导体材料和掺杂。适合蓝色发光的半导体材料有碳化硅（SiC）、硒化锌

（ZnSe）和氮化镓（GaN），当时研究人员大多选择这三种材料作为研究对象。其中对碳化硅的研究很快有所进展并成为重点，但由于其半导体特性的局限，故难以实现高效发光，更无法制成半导体激光器。氮化镓的理论发光特性虽然好，但晶体生长非常困难，而且也没有形成掺杂。经过一段时间后，氮化镓被认为不会有未来，绝大多数研究人员相继停止了在这个领域的研究，蓝光 LED 甚至被认为在 20 世纪内不可能完成研发。

当时就职于松下电器的赤崎勇坚持挑战难度较大的氮化镓，开发亮度更高的蓝光 LED 和蓝光半导体激光器，并以此作为毕生的事业。1973 年赤崎勇正式开始氮化镓蓝光 LED 的研究，1981 年赤崎勇到日本名古屋大学担任教授并继续进行研究，1992 年赤崎勇和他的学生天野浩终于成功制备出了蓝光 LED。

在松下电器的几年时间里，赤崎勇摸索并确定了采用以蓝宝石作为衬底的 MOCVD 外延生长技术来制备氮化镓膜。由于氮化镓与蓝宝石晶格的匹配和热膨胀系数的差异问题，赤崎勇始终得不到优质的氮化镓膜。在名古屋大学任教时，赤崎勇带着他的学生天野浩研究利用缓冲层来解决蓝宝石衬底与氮化镓失配的问题。经过上千次失败，在 1985 年的一次偶然设备事故中，他们实现了低温生成氮化铝缓冲层技术，并进而成功制备出均匀的氮化镓膜。之后通过在氮化镓中掺杂镁，他们成功地使氮化镓发出了明亮的蓝光，并最终于 1992 年制成了第一个发蓝光的二极管。

与此同时，另一位关键人物中村修二（当时为日亚化工的技术员）也在公司的地下室默默地研究蓝光 LED。经过数年的努力，中村修二改进了氮化镓膜的结构，大幅度提高了蓝光 LED 的发光效率，同时还发展了稳定的氮化镓膜和掺杂制备工艺，解决了蓝光 LED 量产的一系列难题，为蓝光 LED 从实验室走进千家万户做出了重要贡献。

蓝光 LED 在红光和绿光 LED 出现半个世纪后才问世，无疑是一项真正带来革命性变化的技术。蓝光 LED 具有体积小、使用寿命长、亮度高、热量低、控制性强、节能环保等优点，现已普遍应用于手机、家用电器、仪表板照明、汽车灯、交通信号灯等科技产品中。使用蓝光 LED，用于照明的电力可以节省 90% 以上，这给我们的生活带来了前所未有的变化。

由于在蓝光 LED 上做出的突出贡献，赤崎勇、天野浩和中村修二同时获得了 2014 年诺贝尔物理学奖。

材料与社会

➡➡准晶体

我们再来说说准晶体。首先，我们需要清楚什么是晶体。

当材料内部的原子（或离子、分子等）在三维空间内呈有规则的周期性重复排列时，组成的就是晶体。晶体在自然界的分布非常广泛，固体物质中绝大多数是晶体。自然界常见的矿物晶体通常呈规则的几何形状，就像是特意加工出来的一样。如果我们到自然博物馆去参观，一定会为自然界中矿物晶体的如此规则而惊叹不已。

晶体的这种规则性具有一定的对称性。比如：如果微观上原子都是以立方体的形式堆砌而成的，那么这种晶体就具有 4 次旋转对称性，即当整个晶体材料绕一个轴转 90°时，里面的结构是完全重复的；如果微观上原子都是由正六棱柱堆砌而成的，则这种晶体具有 6 次旋转对称性。按照经典晶体学的理论，晶体的这种旋转对称性只有 1 次、2 次、3 次、4 次、6 次，而不可能有其他次。

如果材料内部的原子排列不规则，那就是非晶体了。世界上的固体物质要么是晶体，要么是非晶体，不会有其他组成形态。一直以来，科学家们都是这样认为的，直到 1982 年以色列人丹尼尔·谢克特曼的发现。

1982 年谢克特曼在美国研究期间,利用电子显微镜分析急冷凝固的铝锰合金时,发现一种固相呈现出一种前所未见的 10 次旋转对称性的图像。由于这个结果对已有知识的冲击太大,谢克特曼也不确定是否是自己实验分析中出了差错。经过两年的分析、请教和同行的鼓励,直到 1984 年谢克特曼才发表自己的成果,这是与准晶体相关的第一篇论文。

这个成果发表后引起了不小的轰动,质疑的人很多。其中最有名的反对者是在世界上有广泛影响的双料诺贝尔奖得主鲍林(Linus Carl Pauling,1954 年化学奖,1962年和平奖),他宣称"世界上没有准晶体,只有准科学家",公开质疑谢克特曼的科学素质,以至于谢克特曼被迫离开当时的研究小组。

但科学从来是追求真理的,而不是屈从权威。尽管有权威学者的质疑,准晶体的发现还是引起了全世界研究者的关注,他们相继发表了一系列成果来证实准晶体的存在。其中中国科学院金属研究所的郭可信团队于1984 年在高温合金中独立发现了 5 次对称固体相,1985年在镍钛合金中发现了 5 次对称准晶体,这是世界上第一次在过渡族合金中观察到准晶体,扩大了准晶体出现的合金范围,此后又陆续发现了 8 次、10 次对称准晶体。

材料与社会

郭可信团队的研究引起了国内外的瞩目，对推进国内外有关准晶体的研究起了重要的作用。

准晶体的发现颠覆了 200 多年有关物质本质的认知，是一个引人瞩目的重大发现，谢克特曼因此获得了 2011 年诺贝尔化学奖。谢克特曼在获奖感言中特意提到了郭可信团队在准晶体研究方面的重大贡献，而郭可信团队的研究被认为是当时我国最接近诺贝尔奖的成果。

在研究准晶体的道路上，保罗·斯坦哈特在 20 世纪 80 年代前后猜想，自然界存在具有 5 次旋转对称性的准晶体，并在谢克特曼的成果发表后很快从理论上为准晶体的空间结构奠定了基础。斯坦哈特一直致力于寻找天然准晶体，因为之前的准晶体都是在实验室中被发现的。2009 年他在意大利佛罗伦萨自然历史博物馆的一块铝锌铜矿石中首次发现了天然准晶体，经过一番曲折的推测和探寻，2011 年又在俄罗斯远东的堪察加半岛追踪到天然准晶体，其来源于一块天外陨石。

准晶体内部的原子排列赋予了准晶体一系列优良的特性：非常坚硬，摩擦力很小，是很好的热绝缘体。因此，从飞机到不粘锅的各种表面材料，再到能用废热发电的热电材料和节能的发光二极管,都能找到准晶体的应用领域。

准晶体的初步应用是不粘锅,这得益于相应合金的摩擦力小、硬度高和表面反应性低。经过小型准晶体颗粒硬化处理的钢被用于针刺和手术用针、牙科器械和剃须刀刀片等。除了金属,科学家在其他材料中也发现了准晶体,包括聚合物和纳米粒子混合物。计算机模拟显示,准晶体应该具有更广泛的存在。

▶▶ 发现规律

➡➡ 区域熔炼

现代社会人们充分享受着电子产品带来的便利,这得益于晶体管的出现。在晶体管诞生之前,放大电信号主要是通过真空管来完成的。真空管制作困难、体积大、耗能高且使用寿命短,因此工业界期望有替代品的出现。1945年美国贝尔实验室正式成立了半导体研究小组,1948年约翰·巴丁、沃尔特·布拉顿和威廉·肖克利发明了晶体管,这是20世纪一项伟大的发明,它的出现为集成电路、微处理器以及计算机内存的产生奠定了基础,他们三人也因为半导体及晶体管效应的研究而获得了

1956 年诺贝尔物理学奖。

要制备出高性能的晶体管，需要添加非常少量的杂质并进行精细化的掺杂控制，不可控的杂质含量将严重影响晶体管的性能。因此，晶体管获得实际应用的前提是必须获取超纯半导体材料。

20 世纪 50 年代，美国贝尔实验室的威廉·凡恩提出了超纯半导体的关键制备技术——区域熔炼技术，这项技术同时也成了全球半导体设备产业发展的起点。

这项技术实现提纯的基本原理是熔融合金在凝固过程中，杂质元素在固相和液相中会重新分配，凝固出来的固相的杂质含量明显低于液相中残留的杂质含量。基于这一原理，凡恩设置了一套装置，将一个充满锗的长管子水平放置，并且穿过一个个电加热线圈。在管子通过电加热线圈的过程中，管子中的锗熔化，穿过线圈后，这部分熔化的锗再次结晶成固相。这部分新的结晶锗比之前的锗更加纯净，并且其中包含的杂质可以稳定地集中在熔化的部分里。按照这种方法多次重复操作，最后就像清扫垃圾一样把杂质沉积到水平长管子的末端。

区域熔炼技术能够成功地提取锗的超纯样品，杂质含量最低可达百亿分之几。在这项技术应用之前，杂质含量能达到百万分之几已经是极好的了，而这项技术把纯度提高了几个数量级，这在材料加工史上是没有先例的。

正是由于在材料科学原理的基础上发明了提纯技术，晶体管才能够走入千家万户，人类才真正步入了电子时代。因此，这项技术于 2006 年被列为材料科学与工程史上最伟大的 100 个发明之一。

➡ ➡ 记忆效应

我们都知道，材料有弹性变形和塑性变形。弹性变形后能恢复原来的形状，而塑性变形后则不能恢复原来的形状。但有一类材料，在一定温度范围内发生塑性变形后，在另一温度范围内又能恢复原来的形状，这种特殊现象就是材料的形状记忆效应。举例来说，将一根用形状记忆合金做成的丝材在低温下弯曲，如果把弯曲的丝材放到热水中，它又会变直，恢复原来的形状。形状记忆合金是目前形状记忆性能最好的材料。

形状记忆合金引起人们的关注源于美国海军研究所的威廉·比勒于 1962 年在一次实验中的偶然发现。当时比勒正在实验室里做镍钛合金的耐腐蚀性和耐热性实验，他先把一根镍钛合金棒加工成弯曲状，准备做实验，但这根弯曲状的金属棒偶然受热，又恢复到了原来的直条状，这让比勒很吃惊。他又重新准备了一根镍钛合金棒，把它弯曲成形后准备再次做实验，谁知这根弯曲好了的金属棒一受热，又变成了原来的直条状。多次反复实验后，比勒终于发现了产生这种奇怪现象的原因是温度。于是，比勒和同事一起把这个实验又重复做了多次，结果发现镍钛合金受热后，确实具有形状恢复的性能。他们惊喜不已，把这种合金能够恢复原来形状的性能叫作形状记忆效应。

材料的形状记忆效应最早可追溯到关于瑞典化学家阿恩·奥兰德对金镉合金研究的报道，1951 年美国伊利诺伊大学的研究者也在金镉合金中偶然发现了形状记忆效应，但这些研究都没能引起人们足够的重视，因此威廉·比勒被公认为世界上最早发现形状记忆效应的人。

合金的形状记忆效应是材料在不同温度下，由特殊的相变所产生的奇特的热机械行为。合金在低温变形时发生内部晶体结构的变化（转变为马氏体），而在加热到高温时又恢复到变形前的晶体结构（转变为奥氏体），从而实现可逆转变。

人们对材料的这种奇特的形状记忆效应有美好的设想，其中最著名的是用形状记忆合金制作人造卫星上庞大的天线：预先在地面用形状记忆合金制作一个抛物面天线，然后在低温下把它折叠起来装进卫星体内，当火箭升空把卫星送到预定轨道后，随着温度的升高，折叠的卫星天线因具有记忆功能而自然展开，恢复抛物面形状。传说美国阿波罗飞船载人登月时就使用了这种形状记忆合金天线。不过，这只是人们对这种材料奇特性能的未来应用前景的构想。

但是，这类特殊合金的形状记忆效应、超弹性和高阻尼性能却开启了智能材料的先河。利用这种奇特的效应，人们用形状记忆合金制造弹簧来控制浴室水管中的水温：当水温过高时，通过记忆功能调节或关闭供水管道，避免烫伤。也可以利用这种效应制作消防报警装置：当发生火灾时，由形状记忆合金制成的弹簧发生变形，启动消防报警装置，达到报警的目的。形状记忆合金的超弹性，使其在外力作用下具有比一般金属强得多的变形恢复性能，这一性能在建筑的减震和医学的牙齿矫正器等方面得到了应用。

现在不但发展出了多种形状记忆合金，而且正在进行具有形状记忆效应的陶瓷材料和高分子材料的研究。例如，利用良好的生物相容性，形状记忆高分子材料将在血管缝合、人体植入材料等方面有广阔的应用前景。

➡➡微观尺寸与强国之路

我们已经知道,材料关注的是微观组织结构、加工制备工艺和使役性能三者之间的关系。显微镜的应用使人们认识了材料内部微观结构的形貌特征以及微观组织结构与宏观性能的密切关系。可以说,材料的所有宏观性能都可以从其微观组织结构中找到缘由,也可以通过控制其微观组织结构来获得所需的性能。

日常生活中,人们对材料的评价往往是是否耐用、是否结实等,故常用材料的一些性能指标,如强度、韧性、疲劳抗力等来衡量,这些性能都与材料的微观组织结构直接相关。材料的微观组织结构好比是一个练武者的内功或者内力,材料具有优良的微观组织结构,相当于一个人拥有浑厚的内力,对外才能呈现高强的性能。

那么,如何衡量材料内部微观组织结构的好坏呢?材料在微观尺度下的晶粒和强化粒子的尺寸和分布,是最常见的两个衡量指标。良好的强韧性是衡量材料宏观性能的重要指标。

很多材料都是由晶体组成的,但绝大多数情况下,并不是一个晶体按相同的排列规律贯穿整个零部件。在材料内部,有许多不同取向的晶体区域组成在一起,每个相近取向的晶体区域称为一个晶粒，而不同晶粒之间有分界面，称为晶界。

20世纪50年代，研究者发现了材料的强度和晶粒尺寸的平方根之间存在反比关系，这意味着材料的内部晶粒尺寸越细小，强度就越高，并且对材料的韧性有显著的影响。这就是材料中著名的、对工程有重要指导意义的细晶强化规律。

细小晶粒能够实现优良性能的原因在于细小晶粒之间有很多晶界，它们能够很好地抵抗变形的持续，而且在外力作用下能够抵抗裂纹和断裂的产生。

材料内部的强化粒子主要是由合金元素的加入而产生的。这类颗粒的强化效果主要取决于两个方面：一是本身性能要强；二是在材料中的分布要均匀、弥散。

利用微观组织尺寸的调控来制备材料是工程中最常用的方法，这种方法可以在不增加资源消耗的情况下大幅度提高材料的性能。比如进入21世纪以来世界主要强国实施的超级钢项目，它的一个重要的设计思想就是利用工艺规划来大幅度减小晶粒尺寸，从而在没有大量使用昂贵合金元素的前提下成倍提高钢铁的强度，并获得良好的韧性，减小关键零部件的尺寸。这种方法在汽车轻量化、国防核潜艇等诸多方面都有着重要的应用。

再比如被誉为"钢中之王"的轴承钢，用于制备高铁、飞机、汽车、船舶、机械装备等旋转机械中的核心部件——轴承，其内部足够细小的均匀晶粒和分散颗粒直接关乎轴承的寿命和可靠性。

我国现在的目标是从制造大国转变为制造强国，而从材料大国转变为材料强国是成为制造强国的关键，对材料微观结构尺寸效应的认识，实现微观组织的可控制备，是实现这一目标的重要途径之一。

➡➡ 纳米效应

纳米是一个长度单位(符号为 nm)，$1 \text{ nm} = 1 \times 10^{-9} \text{ m}$。

纳米材料的尺寸范围为 1～100 纳米。材料只要在三维空间中的一个方向上处于纳米尺寸，就可以被称为纳米材料。1 纳米只有大约 4 个原子大小，可以想象，当材料中的基本相在纳米量级时，这种非常精细的结构由于具有很大的比表面积和表面能等，就会呈现出传统材料所不具备的奇异或反常的物理、化学特性，在性能上产生巨大、奇特的变化，这就是纳米效应。

例如，陶瓷材料在通常情况下是脆性的，然而由纳米

114

超微颗粒压制成的纳米陶瓷材料却在一定条件下呈现出超塑性。常见的贝壳材料是由普通的碳酸钙组成的,但其微观上是由有机质将纳米结构分层组装而成的,韧性明显增强。

中国科学院金属研究所的卢柯在金属铜中引入高密度纳米孪晶界面,使纯铜的强度提高了一个数量级,同时保持良好的拉伸塑性和很高的导电率,获得了超高强度、高导电性纳米孪晶纯铜。这个结果突破了传统材料中强度越高而导电性越低的关系,在其他合金、半导体、陶瓷等材料中也得到了验证和应用,开拓了纳米材料一个新的研究方向。

纳米科技的出现不到 50 年,1981 年发明的扫描隧道显微镜能够实际观测到原子、分子的尺度,对纳米材料的研究和发展产生了促进作用。特别在常见的碳材料上,纳米结构拓宽了人们的认知范畴。

传统的认识中,碳的同素异构体有可做铅笔芯的石墨和坚硬的金刚石。1985 年,英国科学家哈罗德·克罗托和美国科学家理查德·斯莫利、罗伯特·柯尔在一颗陨石中意外发现了一种新的碳材料 C60,吸引了全世界的目光。这是一种由 60 个碳原子构成的分子,大小仅为

0.71 纳米,形似足球,又名富勒烯或足球烯。这三位科学家因共同发现了 C60 并证实了其结构而获得 1996 年诺贝尔化学奖。

1991 年,日本科学家饭岛澄男发现了碳纳米管,由此开拓出一维纳米材料的研究领域。碳纳米管的质量是相同体积钢的 1/6,强度却是钢的 10 倍。碳纳米管被视为未来高强纤维的首选材料,一个超级设想是用碳纳米管制作从地球通往月球的电梯,因为只有用碳纳米管才能制备出从地球连接到月球而不被自身重力拉断的绳索。目前,碳纳米管已被用来制作超微导线、超微开关、纳米级电子线路、超级储氢材料等。

2010 年,英国科学家安德烈·盖姆和康斯坦丁·诺沃肖洛夫从石墨中分离出二维纳米材料石墨烯。石墨烯具有优良的光学、电学、力学特性,在材料学、能源学、生物医学和药剂学等方面具有广阔的应用前景,被认为是一种革命性的材料。安德烈·盖姆和康斯坦丁·诺沃肖洛夫也因此共同获得 2010 年诺贝尔物理学奖。

纳米效应使得纳米科技在诞生之后迅速发展为新兴科技,其最终目标是能够直接操纵单个原子、分子,制造出功能更加丰富的材料和器件。纳米效应使得科技发展越来越向微观世界深入,纳米技术的产业规模也在不断扩大,在制备加工、材料合成、疾病诊断、组装技术等方面发挥着越来越重要的作用。

▶▶ 解决问题

➡➡ "喷火"式战斗机与氢脆

2009 年,《国际航空》杂志网站评选对世界军事航空发展影响巨大的战斗机,英国的"喷火"式战斗机夺冠。这是一款活塞式战斗机,被誉为"二战名机"。

这款战斗机投入飞行之初,由于其超强的快速机动能力而深受英国军方青睐。但在 1937 年的一次训练飞行中,一架战斗机的螺旋桨主轴突然断裂,导致机毁人亡,此事极大地震动了英国政府及军方。

检查发现,该战斗机主轴含有大量的细小裂纹,这些裂纹导致了主轴断裂,酿成了惨重事故。产生裂纹的原因困扰了英国一些企业和学界很长时间,"喷火"式战斗机能否继续上天飞行悬而未决,而最终解决这个问题的是当时在英国谢菲尔德大学的一位中国人李薰。

李薰经过反复实验和探索,找到了主轴断裂的真正原因——钢中氢原子导致的氢脆。氢在所有元素中质量最

材料与社会

轻、尺寸最小,它能存留在金属中晶体原子排列不规则的微细缺陷处。氢原子在高温加工受热时钻进金属,扩散到微细晶体缺陷的陷阱处,当温度降低时,氢的溶解度降低,氢原子就会结合变为氢分子,体积大大增大。氢分子不能迁移扩散,故不断积累于陷阱中而产生巨大的压力,氢气压力一旦达到钢的断裂强度,就会在钢的内部形成一个个微裂纹。这些微裂纹肉眼难以察觉,但在飞机螺旋桨不停地旋转和振动中,裂纹不断扩大,直至导致主轴断裂。

李薰杰出的贡献还在于发明了定氢仪,在世界上第一次测定了钢中的含氢量,摸清了钢中氢的复杂规律。他还找到了一种去氢的方法,虽然只是除掉了钢中微量的氢,却大幅度提高了"喷火"式战斗机的可靠性,使其成为英国在第二次世界大战中的主力战机。李薰发明的去氢方法还被用在火炮、坦克、舰艇等武器装备的制造中,为二战欧洲战场的胜利做了很大贡献。李薰也被誉为二战中的无名英雄。

李薰 1951 年秋辗转回归阔别十多年的祖国,回国当年,便着手创建中国科学院金属研究所,为我国的国防和科技事业做出了很大贡献。在沈阳金属所工作期间,李薰诊断飞机部件断裂的氢脆原因被传为佳话。1971 年初秋,我国军队在验收飞机时,发现飞机上采用一种新型钢材制作的部件存在大范围的开裂,故障率超过 40％。研制人员加班加点分析故障原因,却一筹莫展,于是请李薰帮忙。李薰在现场进行了仔细的调查和研究,最终确定了故障原因为氢脆,并提出了解决方案。

时至今日,氢脆仍然是一个潜在的危险:美国芝加哥某炼油厂的一根不锈钢管突然破裂,引起爆炸和火灾,造成长期停产;美国"北极星"导弹因固体燃料发动机机壳破裂而不能发射;美国空军 F-11 战斗机在空中突然坠毁。这些事故都与氢脆有关,因此,对于一些重要的装置部件,需要预防氢脆的发生。

➡ ➡ 泰坦尼克号与微量元素

泰坦尼克号游轮的沉没距今已经有 100 多年了,但现在仍然是全世界人们谈论的话题。泰坦尼克号是当时世界上体积最庞大、内部设施最豪华的客运轮船,却不幸在从英国南安普敦出发驶向美国纽约的首航中与一座冰山相撞,而后船体断裂成两截沉入大西洋底。

泰坦尼克号的建造汇集了当时能够想到的先进技术,更令人津津乐道的是它"无与伦比"的安全性:两层船底有 16 个水密舱,连接各舱的水密门可通过电开关统一关闭,即使任何 4 个水密舱灌满了水,也可以保持漂浮状态。当时的人们怎么也想象不出糟糕的情况了,以至于《造船专家》杂志认为其"根本不可能沉没"。

多少年来,人们对事故原因有着各种各样的推测。1985年泰坦尼克号的残骸被发现之后,科学家们对残骸金属样本的分析揭示了泰坦尼克号沉没的重要原因:船体钢板的冲击韧性实验结果表明,在模拟的海水温度下,泰坦尼克号船体钢板的抗冲击能力严重下降,测试结果只有4焦耳,约为现代钢板的十分之一。另外,当时泰坦尼克号采用的是铆接技术,固定船体钢板的铆钉里含有很多夹杂物,使其非常脆弱,容易断裂。泰坦尼克号船体钢板和铆钉的严重脆性,是导致脆性断裂的重要原因。

通常使用的钢材大多呈现韧性断裂特征,这是金属材料具有较高安全性的重要原因。而当温度降低到一定程度时,金属材料就会从韧性断裂转变为脆性断裂,这种特性称为冷脆性,而材料由韧性破坏转为脆性破坏的温度称为韧脆转变温度。泰坦尼克号的船体钢板发生脆性断裂的温度比现代钢板要高得多,这意味着航行时冰海的温度已经明显低于这个转变温度了。钢板的脆性本质无法保证船体受冰山撞击时的安全性。

影响这种脆性的一个重要因素是材料中微量元素磷和

硫的含量。对泰坦尼克号船体钢板化学成分的测试表明,其中磷和硫的含量比现代钢板要高好几倍,尽管在钢中只有不到千分之一,看似微不足道,却严重增强了材料的脆性。

尽管微量元素磷和硫都会增强材料的脆性,但在具体机制上二者还是有差别的。磷的加入对提高材料的强度是有贡献的,但它是导致钢材产生冷脆性的主要原因。硫的加入则主要导致了俗称为热脆性的破坏。硫在钢材内部会生成低熔点的化合物,在锻造、轧制等热加工时会引起断裂。因此,这两种元素的含量在钢铁生产中都需要严格控制。

➡ ➡ 高温的对策

2001 年 9 月 11 日,两架被劫持的民航客机分别撞向美国纽约世界贸易中心的双子塔,震惊了全世界。这两座建筑在遭到撞击后不久,相继自上而下地垂直坍塌。多年来,有关双子塔坍塌原因的分析、研究结果层出不穷,有的想找出坍塌的原因,在今后超高层建筑的安全设计中有所借鉴;有的通过分析原因,为拆除高楼时实现原地塌落寻找思路。

双子塔的核心筒是钢结构,在外墙排列得非常紧密的柱子用于承重,内、外管筒之间都是钢桁架连接,支撑

材料与社会

着各层楼板。这种钢结构的刚度和稳定性是比较理想的设计，这从双子塔能承受质量超过 120 吨的飞机的高速撞击而依然没有歪斜可见一斑。

双子塔的坍塌很可能是因为撞击后的大火。有研究通过受力分析推测，大楼受撞击后燃起大火而导致钢结构的梁和柱在高温下发生蠕变，造成大楼局部"软腰"，以致原地塌落。

这里所说的蠕变，是材料在高温承载时一种缓慢的塑性变形。通常情况下，在建筑物设计时不考虑蠕变因素，但为了防止高层建筑在发生意外失火情况时钢结构因高温蠕变而失去承载能力，需要有更为严格的防火保护措施，如采用耐火材料包覆层和防火涂料等。

对于很多设备和装置，如航空发动机、化工装置的高温高压容器、电力锅炉等，其服役温度达几百摄氏度甚至上千摄氏度，因而必须考虑高温下的强度设计，而且需要在日常运行中进行损伤检测和寿命评估，以保证安全，否则有可能发生灾难性事故。

耐热钢及高温合金的发展和应用，是保证这些设备安全运行的关键因素。例如现在备受关注的飞机发动机，其强劲动力的背后是发动机高温合金材料方面的突破,发动机的性能水平在很大程度上取决于高温合金材料的性能水平,因此高温合金材料有"先进发动机基石"的美誉,也被誉为现代工业"皇冠上的明珠材料"。

由于高温性能影响因素的复杂性,以及准确的高温强度数据对保证装置安全的重要性,世界主要工业大国一直致力于相关实验工作以认识高温材料在苛刻环境中的服役寿命。一种成熟的高温材料在用于工程前要进行大量的验证。由日本国立材料研究所提供的高温实验结果中的数据表明,单根试样的实验时间超过 32 万小时,如图 6 所示。这个实验历经几代人完成,为认识材料的高温性能奠定了坚实的基础。

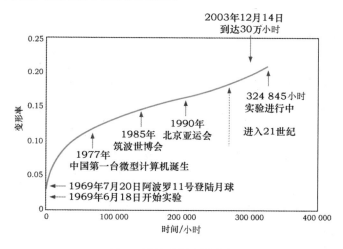

图 6 超长时间高温实验

在目前全球关注的气候问题上，新型高温材料的发展在减少污染和碳排放量上发挥着巨大作用。电力行业是我国碳排放量占比很大的行业。现代生活离不开电力行业的发展，我国发电量 1950 年为 46 亿度，改革开放初期为 3000 亿度，2020 年则超过 7.5 万亿度，其中火力发电的占比超过 70%。传统发电机组的效率不到 40%，而目前发展的超超临界发电机组的效率可达到 45%，甚至超过 50%。发电效率每提高 1%，二氧化碳排放量减少 2%～3%，而且会显著降低煤耗。实现这一目标就需要制备更高温度和压力的蒸汽以驱动汽轮机发电，新一代超超临界耐热钢的研发和生产是实现这一目标的关键因素。

我国超超临界发电机组的装机容量已占全球总量的一半，在减少能耗、实现碳减排、改善环境方面做出了巨大贡献。"600 ℃超超临界火电机组钢管创新研制与应用"项目在 2014 年获得国家科技进步奖一等奖。习近平在 2018 年两院院士大会上指出，"我们着力引领产业向中高端迈进"，而超超临界燃煤发电是习近平讲话中提及的我国跻身世界前列的成就之一。

我们在享受电力发展带来的绚丽多彩的生活的同时，也应意识到保护环境的重要性，其中高温耐热钢对发电效率的提高和减少污染排放量起了决定性作用。

➡➡材料的表面

材料的表面对材料的性能有特殊意义。

可以想象，组成材料表面层的原子、分子之间的作用关系和内部是有差异的。表面层原子在一侧与气相或液相接触，因此其能量比内部原子要高。材料接触时，表面层原子在发生的物理、化学作用中首先产生变化。因此，材料表面的性能直接关系到整体材料的性能。

日常生活中常见的锈蚀，其实就是金属表面在空气中或水中产生的一种化学腐蚀现象。材料在高温环境中的氧化，也是材料表面腐蚀的一种形式。工程中常见的疲劳破坏，绝大多数的起因也是材料表面的损伤累积和裂纹萌生。

绝大多数金属材料都避免不了腐蚀。除了人们一般看得到的锈蚀之外，腐蚀也会以肉眼难以察觉的特殊方式造成破坏。1981 年，我国台湾一架波音 737 客机在由台北飞往高雄的途中，在苗栗县上空爆炸坠毁，机上 104 名旅客及 6 名机组人员全部罹难。几个月后查明的失事原因是机身下部高强度铝合金结构件多处发生严重的晶间腐蚀和剥蚀。这种晶间腐蚀主要破坏材料内部晶粒间的结合，腐蚀发生后在金属表面看不出被破坏的迹象，但力学性能显著恶化，这是一种很危险的腐蚀。

材料与社会

目前世界各国每年因腐蚀导致的损失约为 GDP 的 4.3%，这是个相当惊人的数据。因此有学者认为，腐蚀造成的损失大于所有自然灾害的损失之和。为了让人们重视腐蚀带来的危害，世界腐蚀组织（WCO）于 2009 年确定每年的 4 月 24 日为"世界腐蚀日"，让更多的人认识腐蚀，通过事前防控降低损失。我国随着海洋开发的大力进行，对腐蚀的认识和腐蚀防护技术必然会有进一步的需求和提高。

在腐蚀防护上，开发耐腐蚀金属材料是通过调整金属材料中的化学元素成分、微观结构、表面反应膜的性质来降低腐蚀速度，同时增强金属材料的耐腐蚀性。采用防腐涂料是在装置和结构中控制腐蚀的重要手段，通过隔断材料表面与环境的接触，保护材料表面不被进一步侵蚀。根据防腐对象材质和腐蚀机理的不同，可将防腐涂料分为环氧类防腐涂料、聚氨酯类防腐涂料、橡胶类防腐涂料、氟树脂防腐涂料、有机硅树脂涂料等很多种类。

通过在材料表面渗入各种元素（如渗氮、渗碳、渗金属等），或者激光重熔、离子注入、喷丸、纳米化等，可以改变材料或工件表面的化学成分或组织结构，满足产品耐腐蚀、耐磨、抗疲劳破坏等性能要求，进而在工业上开展广泛的应用。

对于因高温氧化、高温气流冲蚀而使环境温度达到1 100 ℃的恶劣环境,通过制备热障涂层来保护发动机的高温受热部件,提高工作效率。分析结果表明,应用热障涂层可以将发动机的热效率提高 60% 以上。航天器再入舱返回时,飞船外表面在高速飞行时与空气剧烈摩擦,会发生猛烈燃烧,而利用烧蚀材料在热流作用下的分解、熔化、蒸发、升华等物理和化学变化,借其燃烧消耗带走大量的热,可以把飞船内的温度始终保持在常温范围内,保护飞船平安返回地面。

　　材料表面在产品再制造上也有着重要的应用。再制造是产品到达寿命后使其性能和保质期恢复到新品水平的加工过程,材料表面的损伤是老产品服役失效的主要形式,利用堆焊、熔覆、热喷涂、电刷镀等工艺恢复磨损表面的尺寸,提高耐磨性和旧件利用率,通过表面性能的修复满足部件的服役要求,同时发挥节能、节材、环保的社会效益和经济效益。

▶▶材料的未来

➡➡新材料创造缤纷生活

　　材料、信息和能源被称为现代科技的三大支柱。人类的历史可以说是材料利用的历史，每一种重要材料的发现、发明和利用，都将人类改造自然的能力提高到一个新的水平，给社会和生活带来了重大的变革，推动了人类文明的发展。

材料科学的诞生带动了相关产业和技术的迅速发展，并催生出新的产业和技术领域，结构材料中的先进金属材料、先进陶瓷材料、高分子材料、复合材料等，功能材料中的电子材料、生物材料、能源材料、光电材料、智能材料等，均得到了飞速发展，让我们这个世界更加缤纷多彩。

结构材料是制造受力构件所用的材料，在各行各业有着极为广泛的应用。结构材料更加注重高强韧性，在产业转型、节能、碳减排上发挥着重要作用。

例如对于钢铁材料，高品质的超级钢将引领钢铁材料的发展，可进一步发展材料纯净化、微观组织可调控的先进工艺。铝合金、镁合金、钛合金等轻合金具有比强度高的优势，可进一步发展高强韧性、耐高温、耐腐蚀、抗疲劳等性能，未来在航空、汽车、船舶、电子等行业将更受青睐。铝是地壳中含量最丰富的金属元素，铝合金的加工和成形性能好；镁合金的吸振性、再生性好，对环境无害，被称为 21 世纪的绿色工程材料；钛合金是综合性能最好的轻质金属材料，具有良好的耐腐蚀性和生物相容性，诸多性能优于钢铁材料，是理想的航空航天材料和生物材料。陶瓷结构材料可以通过微结构设计和制备实现复合增韧，弥补了传统陶瓷材料脆性高的缺点。高分子结构材料借助强度和耐热性的提高，在更广阔的领域替代了金属结构材料。复合材料是结构材料发展的重点，其量大面广，经济实用，具有广阔的发展前景。

功能材料是实现特殊的电、磁、光、声、热、力、化学以及生物功能的新型材料，其种类繁多，用途广泛，正在形成一个规模宏大的高新技术产业群，有着十分广阔的市场前景和极为重要的战略意义，在信息技术、生物技术、能源技术等高新技术领域和国防建设中发挥着越来越重要的作用。功能材料是新材料领域的核心，对高新技术的发展起着重要的推动和支撑作用，是世界各国新材料领域研究和发展的重点。

例如，电子信息材料产业的发展规模和技术水平已经成为衡量一个国家经济发展、科技进步和国防实力的重要标志，在国民经济中具有重要的战略地位，是科技创新和国际竞争中最受关注的材料领域。智能材料是一种能在外部刺激下判断并执行特定行为的新型功能材料，

材料与社会

是现代高新技术材料发展的重要方向之一，将支撑未来高新技术的发展。例如，利用记忆效应制造的建筑抗震材料使传统意义上的功能材料和结构材料之间的界限逐渐消失，以实现结构功能化。环境材料在从提取、制备、使用到废弃与再生的整个过程中，都尽可能地减小对环境的影响，在保证具有良好的使用功能的前提下，在生产、使用和回收处理过程中实现较高的资源利用率。低维材料具有体材料不具备的性质，如零维的纳米级金属颗粒是电的绝缘体及吸光的黑体；纳米级金属铝的硬度为块体铝的 8 倍；作为一维材料的高强度有机纤维，光导纤维已显示出广阔的商用前景。生物材料可制作或修复人的各种器官、血液及组织等，模拟生物的机能，如反渗透膜等，在未来将得到更多的应用和发展。

材料基因工程借鉴生物学上的基因工程技术，探究材料结构、工艺与材料性能变化的关系，开展材料设计和模拟。通过材料基因工程的应用，材料研发模式将逐步由"经验指导实验"向"理论预测和验证相结合"转变，以提高新材料的研发效率，加速新材料的"发现—开发—生产—应用"进程。材料基因工程被视为材料领域的颠覆性前沿技术，将使材料研发模式产生巨大的变革，全面加速材料从设计到工程化应用的进程，大幅度提高新材料的研发效率，缩短研发周期,降低研发成本,促进工程化应用。

材料已发展成为一门跨学科的综合性学科,与物理、化学、力学、机械、电子、生物等专业有紧密的联系。新材料、新工艺的发明和应用,将带动相关产业和技术的迅速发展,推动高新技术制造业的转型升级,并催生出新的产业和技术领域,为世界增加无限的可能。

→→制造强国的基础

2010年以来,我国多年稳居世界第一制造大国。在未来,建设制造强国将是一项艰巨而光荣的任务。《中国制造2025》将我国建设制造强国的进程大致分为三个阶段:到2025年,中国进入世界制造强国第二方阵,迈入制造强国行列;到2035年,中国位居世界制造强国第二方阵前列,成为名副其实的制造强国;到2045年,中国进入世界制造强国第一方阵,成为具有全球影响力的制造强国。

制造强国的基础是材料。我国目前已经在基础原材料领域,如钢铁材料、铝合金材料、纺织材料、化工材料等领域位居世界前列,但在材料的创新和质量上与世界制造强国还存在一定差距。

中国工程院在2020年发布的"面向2035的新材料强国战略研究"中,分析了目前全球材料制造产业的现状:第一梯

材料与社会

队是美国、日本、欧洲等发达国家和地区，它们在经济实力、核心技术、研发能力、市场占有率等方面具有绝对优势；我国目前处于第二梯队，材料产业正处在快速发展时期。

在新的发展时期，以信息技术、新能源、智能制造等为代表的新兴产业的快速发展对材料提出了更高的要求，考虑对新材料制备的超高纯度、超高性能、多功能、高耐用性、低成本、易回收、工艺与设备的集成化等要求，未来将在材料研发和制备方面进一步加大投入。新材料产业将向绿色化、低碳化、精细化、节约化方向发展，以材料基因工程为代表的材料设计新方法的出现，将大幅度缩短新材料的研发周期和降低研发成本，加速新材料的创新过程。

新材料强国发展战略将以提高新材料自主创新能力为核心，以先进基础材料、关键战略材料、前沿新材料为发展重点。

先进基础材料是指具有良好的性能、量大面广且"一材多用"的新材料，对国民经济、国防军工建设起着基础支撑和保障作用。先进基础材料领域发展的重点和方向主要包括先进钢铁材料、先进有色金属材料、先进石化材料、先进建筑材料、先进轻工材料及先进纺织材料等。

关键战略材料是实现新兴产业创新驱动发展战略的重要物质基础，是支撑和保障海洋工程、轨道交通、舰船车辆、核电、航空航天等领域高端应用的关键核心材料，也是实施智能制造、新能源、智能电网、环境治理、医疗卫生、新一代信息技术和国防尖端技术等重大战略需要的关键保障材料。关键战略材料主要包括高端装备用特种合金材料、高性能分离膜材料、高性能纤维及其复合材料、新型能源材料、电子陶瓷和人工晶体、生物医用材料、稀土功能材料、先进半导体材料、新型显示材料等高性能新材料。这其中的部分材料受到外国的严密控制，我国目前还不能实现稳定制备，故这类材料的研发突破具有十分重要的战略意义。

前沿新材料领域的发展重点及发展方向主要包括3D打印材料、超导材料、智能仿生材料、石墨烯材料等。革命性新材料的发明和应用一直引领着全球的技术革新，推动着高新技术制造业的转型升级，因此前沿新材料的研发是抢占发展先机和战略制高点的重要手段。

我国处于工业转型升级和新型工业化发展的交会时期，对新材料战略需求的主要着力点如下：

• 在运载工具领域，将大力发展新能源、高效能、高安全性的系统技术与装备，重点研发这些产品与装备的核心部件及关键材料，如高强高韧耐损伤合金、碳纤维复合材料、高温合金等，形成核心部件产品的自主保障能力。

材料与社会

• 在能源动力领域，我国国家能源战略发展的重点是新一代高效清洁燃煤发电技术和深海油气资源开发技术，新材料发展的重点将着眼于特种合金、稀土材料、非晶态材料、超导材料、复合材料等，如长寿命耐热合金、高端不锈钢、超大功率碳化硅材料等。

• 在信息显示领域，我国针对电子信息材料的研发技术与发达国家存在较大差距的现状，将发展集成电路和信息显示材料，如电路芯片、光刻胶、高纯石英玻璃、各类先进显示材料等。

• 在生命健康领域，我国将大力发展与人们的健康生活息息相关的生物医用材料，如骨再生修复材料、人工种植牙材料、血管支架材料、生物活性陶瓷、可降解金属和高分子材料、生物相容钛合金等。

新材料评价、表征、标准平台等的开发和应用与建设材料强国密不可分。例如，金相显微镜、X 射线衍射等材料表征技术催生了材料学科，扫描隧道显微镜的出现使纳米技术开始快速发展，材料分析与检测新技术的开发和应用是提升质量竞争能力的基石，也是促进科技创新的重要保证。

参考文献

[1] 教育部高等学校教学指导委员会.普通高等学校本科专业类教学质量国家标准[M].北京:高等教育出版社,2018.

[2] 中华人民共和国教育部.普通高等学校本科专业目录(2020 年版)[EB/OL].(2020-02-21)[2021-04-08].http://www. moe. gov. cn/srcsite/A08/moe_1034/s4930/202003/t20200303_426853. html.

[3] 中华人民共和国教育部.学位授予和人才培养学科目录(2018 年 4 月更新)[EB/OL].(2018-04-19)[2021-04-08]. http://www. moe. gov. cn/s78/A22/xwb_left/moe_833/201804/t20180419_333655. html.

[4] 谢曼,干勇,王慧.面向 2035 的新材料强国战略研究[J].中国工程科学,2020,22(5):1-9.

[5] 郝士明.材料图传:关于材料发展史的对话[M].北京:化学工业出版社,2017.

[6] 罗伯特 W.康.走进材料科学[M].杨柯,等,译.北京:化学工业出版社,2008.

[7] Felkins Katherine,Leighly HP,Jr,Jankovic A. The Royal Mail Ship Titanic:Did a Meta-llurgical Failure Cause a Night to Remember? [J].JOM, 1998(1):12-18.

[8] 中国工程教育专业认证协会.工程教育认证专业类补充标准(2020 年修订)[EB/OL].(2020-06-27) [2021-04-09].https://www.ceeaa.org.cn/gcjyzyrzxh/ xwdt/tzgg56/620333/index.html.

"走进大学"丛书书目

什么是自动化？	王　伟	大连理工大学控制科学与工程学院教授 国家杰出青年科学基金获得者（主审）
	王宏伟	大连理工大学控制科学与工程学院教授
	王　东	大连理工大学控制科学与工程学院教授
	夏　浩	大连理工大学控制科学与工程学院院长、教授
什么是计算机？	嵩　天	北京理工大学网络空间安全学院副院长、教授
什么是土木工程？		
	李宏男	大连理工大学土木工程学院教授 国家杰出青年科学基金获得者
什么是水利？	张　弛	大连理工大学建设工程学部部长、教授 国家杰出青年科学基金获得者
什么是化学工程？		
	贺高红	大连理工大学化工学院教授 国家杰出青年科学基金获得者
	李祥村	大连理工大学化工学院副教授
什么是矿业？	万志军	中国矿业大学矿业工程学院副院长、教授 入选教育部“新世纪优秀人才支持计划”
什么是纺织？	伏广伟	中国纺织工程学会理事长（作序）
	郑来久	大连工业大学纺织与材料工程学院二级教授
什么是轻工？	石　碧	中国工程院院士 四川大学轻纺与食品学院教授（作序）
	平清伟	大连工业大学轻工与化学工程学院教授
什么是海洋工程？		
	柳淑学	大连理工大学水利工程学院研究员 入选教育部“新世纪优秀人才支持计划”
	李金宣	大连理工大学水利工程学院副教授
什么是航空航天？		
	万志强	北京航空航天大学航空科学与工程学院副院长、教授
	杨　超	北京航空航天大学航空科学与工程学院教授 入选教育部“新世纪优秀人才支持计划”
什么是生物医学工程？		
	万遂人	东南大学生物科学与医学工程学院教授 中国生物医学工程学会副理事长（作序）
	邱天爽	大连理工大学生物医学工程学院教授
	刘　蓉	大连理工大学生物医学工程学院副教授
	齐莉萍	大连理工大学生物医学工程学院副教授

什么是食品科学与工程？

朱蓓薇　中国工程院院士

　　　　大连工业大学食品学院教授

什么是建筑？　齐　康　中国科学院院士

　　　　东南大学建筑研究所所长、教授（作序）

唐　建　大连理工大学建筑与艺术学院院长、教授

什么是生物工程？贾凌云　大连理工大学生物工程学院院长、教授

　　　　入选教育部"新世纪优秀人才支持计划"

袁文杰　大连理工大学生物工程学院副院长、副教授

什么是哲学？　林德宏　南京大学哲学系教授

　　　　南京大学人文社会科学荣誉资深教授

刘　鹏　南京大学哲学系副主任、副教授

什么是经济学？原毅军　大连理工大学经济管理学院教授

什么是社会学？张建明　中国人民大学党委原常务副书记、教授（作序）

陈劲松　中国人民大学社会与人口学院教授

仲婧然　中国人民大学社会与人口学院博士研究生

陈含章　中国人民大学社会与人口学院硕士研究生

什么是民族学？南文渊　大连民族大学东北少数民族研究院教授

什么是公安学？靳高风　中国人民公安大学犯罪学学院院长、教授

李姝音　中国人民公安大学犯罪学学院副教授

什么是法学？　陈柏峰　中南财经政法大学法学院院长、教授

　　　　第九届"全国杰出青年法学家"

什么是教育学？孙阳春　大连理工大学高等教育研究院教授

林　杰　大连理工大学高等教育研究院副教授

什么是体育学？于素梅　中国教育科学研究院体卫艺教育研究所副所长、研究员

王昌友　怀化学院体育与健康学院副教授

什么是心理学？李　焰　清华大学学生心理发展指导中心主任、教授（主审）

于　晶　曾任辽宁师范大学教育学院教授

什么是中国语言文学？

赵小琪　广东培正学院人文学院特聘教授

　　　　武汉大学文学院教授

谭元亨　华南理工大学新闻与传播学院二级教授

什么是历史学？张耕华　华东师范大学历史学系教授

什么是林学？　张凌云　北京林业大学林学院教授

张新娜　北京林业大学林学院副教授

什么是动物医学? 陈启军　沈阳农业大学校长、教授
　　　　　　　　　　国家杰出青年科学基金获得者
　　　　　　　　　　"新世纪百千万人才工程"国家级人选
　　　　　　　高维凡　曾任沈阳农业大学动物科学与医学学院副教授
　　　　　　　吴长德　沈阳农业大学动物科学与医学学院教授
　　　　　　　姜　宁　沈阳农业大学动物科学与医学学院教授
什么是农学?　陈温福　中国工程院院士
　　　　　　　　　　沈阳农业大学农学院教授(主审)
　　　　　　　于海秋　沈阳农业大学农学院院长、教授
　　　　　　　周宇飞　沈阳农业大学农学院副教授
　　　　　　　徐正进　沈阳农业大学农学院教授
什么是医学?　任守双　哈尔滨医科大学马克思主义学院教授
什么是中医学?　贾春华　北京中医药大学中医学院教授
　　　　　　　李　湛　北京中医药大学岐黄国医班(九年制)博士研究生
什么是公共卫生与预防医学?
　　　　　　　刘剑君　中国疾病预防控制中心副主任、研究生院执行院长
　　　　　　　刘　珏　北京大学公共卫生学院研究员
　　　　　　　么鸿雁　中国疾病预防控制中心研究员
　　　　　　　张　晖　全国科学技术名词审定委员会事务中心副主任
什么是药学?　尤启冬　中国药科大学药学院教授
　　　　　　　郭小可　中国药科大学药学院副教授
什么是护理学?　姜安丽　海军军医大学护理学院教授
　　　　　　　周兰姝　海军军医大学护理学院教授
　　　　　　　刘　霖　海军军医大学护理学院副教授
什么是管理学?　齐丽云　大连理工大学经济管理学院副教授
　　　　　　　汪克夷　大连理工大学经济管理学院教授
什么是图书情报与档案管理?
　　　　　　　李　刚　南京大学信息管理学院教授
什么是电子商务?　李　琪　西安交通大学经济与金融学院二级教授
　　　　　　　彭丽芳　厦门大学管理学院教授
什么是工业工程?　郑　力　清华大学副校长、教授(作序)
　　　　　　　周德群　南京航空航天大学经济与管理学院院长、二级教授
　　　　　　　欧阳林寒　南京航空航天大学经济与管理学院研究员
什么是艺术学?　梁　玖　北京师范大学艺术与传媒学院教授
什么是戏剧与影视学?
　　　　　　　梁振华　北京师范大学文学院教授、影视编剧、制片人
什么是设计学?　李砚祖　清华大学美术学院教授
　　　　　　　朱怡芳　中国艺术研究院副研究员